Edward

**La compliance vasculaire cérébrale par OCT**

Edward Baraghis

# La compliance vasculaire cérébrale par OCT

## La tomographie par cohérence optique dévoile le comportement in-vivo des artères du cerveau

Presses Académiques Francophones

**Impressum / Mentions légales**
Bibliografische Information der Deutschen Nationalbibliothek: Die Deutsche Nationalbibliothek verzeichnet diese Publikation in der Deutschen Nationalbibliografie; detaillierte bibliografische Daten sind im Internet über http://dnb.d-nb.de abrufbar.
Alle in diesem Buch genannten Marken und Produktnamen unterliegen warenzeichen-, marken- oder patentrechtlichem Schutz bzw. sind Warenzeichen oder eingetragene Warenzeichen der jeweiligen Inhaber. Die Wiedergabe von Marken, Produktnamen, Gebrauchsnamen, Handelsnamen, Warenbezeichnungen u.s.w. in diesem Werk berechtigt auch ohne besondere Kennzeichnung nicht zu der Annahme, dass solche Namen im Sinne der Warenzeichen- und Markenschutzgesetzgebung als frei zu betrachten wären und daher von jedermann benutzt werden dürften.

Information bibliographique publiée par la Deutsche Nationalbibliothek: La Deutsche Nationalbibliothek inscrit cette publication à la Deutsche Nationalbibliografie; des données bibliographiques détaillées sont disponibles sur internet à l'adresse http://dnb.d-nb.de.
Toutes marques et noms de produits mentionnés dans ce livre demeurent sous la protection des marques, des marques déposées et des brevets, et sont des marques ou des marques déposées de leurs détenteurs respectifs. L'utilisation des marques, noms de produits, noms communs, noms commerciaux, descriptions de produits, etc, même sans qu'ils soient mentionnés de façon particulière dans ce livre ne signifie en aucune façon que ces noms peuvent être utilisés sans restriction à l'égard de la législation pour la protection des marques et des marques déposées et pourraient donc être utilisés par quiconque.

Coverbild / Photo de couverture: www.ingimage.com

Verlag / Editeur:
Presses Académiques Francophones
ist ein Imprint der / est une marque déposée de
AV Akademikerverlag GmbH & Co. KG
Heinrich-Böcking-Str. 6-8, 66121 Saarbrücken, Deutschland / Allemagne
Email: info@presses-academiques.com

Herstellung: siehe letzte Seite /
Impression: voir la dernière page
**ISBN: 978-3-8381-7367-2**

*À mes parents, Dalal et Antoine,*
*merci pour votre support.*

# Remerciements

Ce travail de maitrise n'aurait put être réalisé sans l'aide de certaines personnes et organismes qui m'ont soutenu tout au long de mes deux années de recherche.

J'aimerais d'abord remercier mon directeur de recherche, Prof. Frédéric Lesage, qui m'a toujours mis au défi. Il a régulièrement été disponible pour m'aider dans les différentes étapes de mon projet. J'ai apprécié ses conseils et surtout sa patience envers moi. Il m'a permis de faire un stage à Boston dans un laboratoire de calibre international. Il m'a également fait confiance avec un projet d'envergure et un budget afin d'apporter pour la première fois l'OCT dans son laboratoire. Je le remercie également pour tout le temps qu'il a passé à corriger mes divers documents ainsi que pour son support financier.

Un grand merci à ma co-directrice de recherche Prof. Caroline Boudoux qui m'a accordé son expertise ainsi que celle des étudiants du LODI. J'ai apprécié ses méthodes d'explication claires qui m'ont permis de mieux comprendre les bases de l'OCT. Je la remercie également d'avoir mis à ma disposition les ressources de son laboratoire pour les moments où j'en avais besoin.

Je voudrais également souligner l'aide exceptionnelle de Vivek J. Srinivasan que j'ai rencontré lors de mon séjour dans le laboratoire de David Boas à Boston. Son travail a été à la base de mon projet de recherche. Il m'a apporté une grande aide par ses conseils malgré la distance. Lors de mon séjour à Boston, j'ai travaillé avec Sava Sakadzic sur un projet de simulation de propagation de la lumière en microscopie deux photons. Ce travail était à l'extérieur du cadre de mon projet de recherche. Toutefois, Dr Skadzic m'a permis d'obtenir une publication en tant que premier auteur. Pour toute son aide et ses conseils, je le remercie.

Je voudrais également témoigner ma gratitude envers nos collaborateurs Prof. Éric Thorin et Virginie Bolduc. Leur contribution a permis d'enrichir énormément mon projet en lui donnant un objectif scientifique précis. Ils m'ont également offert d'être co-auteur sur leurs publications.

Je profite de l'occasion pour exprimer mes meilleurs souhaits à tous mes amis du laboratoire que j'ai côtoyé de proche ou de loin durant ces deux dernières années : Maxime Abran, Mahnoush Amiri, Simon Archambault, Paul Baoqiang, Guillaume Bégin, Samuel Bélanger, Romain Berti, Clément Bonnéry, Edgar Guevara Codina, Benoit Hamelin, Michèle Desjardins, Simon Dubeau, Alexis Machado, Carl Matteau-Pelletier, Nicolas Ouakli, Philippe Pouliot, Léonie Rouleau, Abas Sabouni, Karim Zerouali et Cong Zhang. C'est grâce à vous que j'ai passé deux années très agréables au LIOM. Merci entre autre pour les vins et fromages, les 5 à 7, la cabane à sucre, les partys de Noël, les concours de logos et surtout pour le tableau de tolérance zéro.

Finalement, je tiens à souligner le support indispensable des organismes subventionnaires soit le Conseil de recherches en sciences naturelles et en génie du Canada (CRSNG) et le Fonds de la recherche en santé du Québec (FRSQ). Ce dernier organisme a également fourni le financement de mon stage international.

# Résumé

L'imagerie de la microvasculature cérébrale chez les petits animaux connait depuis les dernières années une avancée rapide. La tomographie par cohérence optique (OCT) est un outil qui a permis récemment d'obtenir des images de haute résolution de celle-ci chez des rats et des souris. Elle permet également des mesures de flux sanguin et des études fonctionnelles sur le cerveau. Il est maintenant rendu possible d'appliquer cette technique à l'étude de problématiques réelles en recherche neurovasculaire.

Une telle problématique est l'étude de la compliance des artérioles. La compliance est un sujet d'intérêt depuis que de nouvelles hypothèses sur le développement des maladies neurodégénératives pointent vers un facteur commun vasculaire. Le rôle du réseau neurovasculaire est de fournir les nutriments nécessaires à l'activité des neurones. Une dysfonction de la régulation sanguine pourrait gêner cette fonction. La compliance artérielle joue un rôle clé dans la régulation sanguine, mais jusqu'à maintenant les outils disponibles pour en faire l'étude ne permettaient que des mesures «ex-vivo». Cette contrainte élimine toute possibilité d'étude longitudinale sur un même animal.

L'OCT peut s'avérer être un outil intéressant pour la mesure de la compliance «in-vivo». L'objectif de ce travail de maîtrise a donc été de développer et de valider une technique d'estimation de la compliance basée sur l'OCT.

L'appareil OCT développé utilise une source de lumière superluminescente à 870 nm et un interféromètre de Michelson afin de produire des images structurelles et de flux de la microvasculature cérébrale chez la souris. La caractérisation des performances de ce système donne une résolution axiale de 9 µm, une profondeur de pénétration de 600 µm et une sensibilité de 105 dB. L'appareil permet des mesures de flux entre $\sim 10$ et $\sim 100$ nL/s et une taille minimale de vaisseaux détectés de 30 µm.

Une technique innovatrice de reconstruction des images OCT permet d'obtenir l'évolution du flux sanguin sur un cycle cardiaque. Cette nouvelle information de dynamique artérielle permet d'évaluer la pulsatilité du flux sanguin. Un évaluateur de la compliance qui se base sur cette mesure est dérivé.

Afin de tester le modèle d'évaluation de la compliance, une étude comparative entre un groupe de souris normales et un groupe de souris développant des plaques d'athéroscléroses est proposée. Le résultat d'une étude «ex-vivo» montre que les artères plus larges du cerveau ont une compliance supérieure chez les animaux atteints d'athérosclérose. L'utilisation de l'OCT permet de retrouver ce résultat de manière non-invasive. De plus l'OCT permet d'étudier les artérioles plus petites qui sont habituellement inaccessibles aux techniques standards. Encore là, les artérioles d'un diamètre inférieur à 80 μm semblent être plus compliantes chez les animaux atteints d'athérosclérose que les animaux normaux.

Suite à l'étude comparative, l'atteinte des objectifs du travail est évaluée. Au niveau des performances, certains changements matériels et logiciels sont proposés afin d'améliorer la qualité des images obtenues. Malgré les quelques aspects à améliorer tel que la résolution et l'imagerie de micro-vasculature, l'objectif principal du travail est atteint. En effet, les résultats présentés permettent d'affirmer que l'OCT est un outil adéquat pour la mesure de la compliance cérébrale.

# Abstract

Optical imaging of the neurovascular network has been recently evolving at a rapid pace. Optical Coherence Tomography (OCT) has been used to produce high quality angiograms of cortical microvasculature in mice and rat. Through this technique, precise measurements of blood speed can be made without the use of invasive markers opening the door for studies of blood flow and neurovascular function. The current aim of research in the field is to develop imaging protocols and methods for studying specific neurovascular function.

One such vascular function is arteriolar compliance. New hypothesis in the development of neurodegenerative diseases have revealed a link with vascular degeneration. Neurovascular regulation involves the supply of blood flow towards regions of neural activity. Blood supplies oxygen and nutriments to active neurons and improper supply of it can lead to neuronal dysfunction. Compliance is a characteristic of arteries describing their reaction to changes in pressure. It plays a key role in blood flow regulation and as such has been the subject of recent interest. The tools used for compliance evaluation require an extraction of the target vessel for *ex-vivo* characterization which eliminates any possibility of longitudinal studies on the same animal.

OCT through it's ability to image the neurovascular network could offer an alternative way of measuring arteriolar compliance *in-vivo*. The aim of this work was therefore to develop and validate a technique for measuring compliance based on OCT measurements.

The OCT system developed in this work is based on a superluminescent diode emitting light in the near-infrared range at 870 nm. The system produces structural and flow images of the cerebral microvasculature in mice and rats. It has a maximum axial resolution of 9 μm, a penetration depth of 600 μm and a sensibility of 105 dB. The system was also able to produce accurate flow measurements between $\sim 10$ and $\sim 100$ nL/s when tested on a fantom and produced accurate volumetric maps of blood vessels with arterioles as small as 30 μm being imaged.

Along with the standard protocols for imaging volumes and slices through the vasculature, a novel reconstruction technique was developed. This technique uses electrocardiography information to produce sequences of OCT slices over one cardiac cycle. These sequences reveal the changes in blood speed and vessel area over that cycle. A simple arterial model then uses this novel information to produce an estimate of vessel compliance.

In order to test this new compliance evaluation method, a group study is presented. This study aims to reveal differences in arteriolar compliance between a group of normal mice and another one which spontaneously develops atherosclerotic lesions. Recent *ex-vivo* measurements have revealed that compliance of larger arteries in the brain is higher in the atherosclerotic group. The OCT study was able to corroborate this result in a non-invasive manner. Furthermore, OCT was able to estimate compliance in vessels that have thus far been too small for *ex-vivo* preparations. The same trend was observed for these smaller arterioles as that of the larger arteries where vessels of atherosclerotic mice would have a higher compliance then wild type vessels.

Following the group study, success in reaching the objectives of this work is evaluated. The system was found to offer satisfactory performance in terms of resolution, sensitivity and depth of field. Hardware and software improvements are suggested in order to achieve higher imaging quality. However, volumetric and cardiac reconstructions provide satisfactory results for compliance evaluation. Overall, every objective of this work is reached and OCT was successfully demonstrated to be a viable tool for evaluating cerebral arteriolar compliance *in-vivo.*

# Table des matières

# Liste des tableaux

xvi

# Liste des figures

xviii

# Liste des sigles et abréviations

**ABRÉVIATIONS**

| | |
|---|---|
| OCT | Tomographie par cohérence optique (*Optical Coherence Tomography* ) |
| CBF | Flux sanguin cérébrale (*Cerebral Blood Flow*) |
| CMV | Microvasculature Cérébrale (Cerebral Microvasculature) |
| SLD ou SLED | Diode Superluminescente (*Superluminescent Diode*) |
| TD-OCT | OCT temporelle |
| FD-OCT | OCT dans le domaine de Fourier |
| FC-APC | Connecteur de fibre optique à ferrule poli à angle (*Ferrule Connector - Angle polished Connector*) |
| ATX | Souris développant spontanément des plaques d'athérosclérose |
| WT | Souris normales (*Wild Type*) |

**NOTATIONS**

| | |
|---|---|
| $c$ | Vitesse de la lumière |
| $C$ | Compliance d'un vaisseau sanguin |
| $\hat{C}$ | Évaluateur de la compliance |
| $f_D$ | Fréquence Doppler |
| $k$ | Nombre d'onde |
| $L$ | Longueur d'un vaisseau sanguin |
| $\lambda$ | Longueur d'onde |
| $\lambda_0$ | Longueur d'onde centrale de la source |
| $\Delta\lambda$ | Largeur du spectre de la source |
| $\eta$ | Viscosité du sang |
| $n$ | Indice de réfraction dans un milieu |
| $P$ | Pression artérielle |
| $\Phi$ | Flux sanguin |
| $r$ | Rayon d'un vaisseau sanguin |
| $\tau$ | Période entre l'acquisition de deux lignes |
| $V$ | Volume d'un vaisseau sanguin |
| $v$ | Vitesse d'une particule rétrodiffusante |
| $w$ | Étranglement d'un faisceau gaussien |
| $\omega$ | Fréquence angulaire optique |

# Chapitre 1

# INTRODUCTION

## 1.1   L'imagerie optique médicale

L'imagerie optique connaît depuis les trois dernières décennies des poussées sur plusieurs fronts dans le domaine médical. L'utilisation de la lumière permet d'envisager le remplacement de méthodes invasives par des techniques ne nécessitant pas l'utilisation de marqueurs, le prélèvement de tissus ou l'utilisation de radiation ionisante. Les modalités d'imageries optiques modernes se classent en deux catégories selon leur profondeur de pénétration et leur résolution. D'abord, il y a les techniques d'imagerie diffuse qui permettent d'intégrer l'absorption de la lumière dans un grand volume de tissus. Elles fournissent des images possédant une très faible résolution spatiale (de l'ordre du cm) mais une très grande résolution temporelle (jusqu'à la ns avec les systèmes de comptage de photons) sur une zone pouvant atteindre quelques centimètres. Un exemple est la spectroscopie de l'infrarouge proche (Near Infra-Red spectroscopy, NIRS) qui permet de suivre avec précision la quantité d'hémoglobine oxygénée et non-oxygénée dans le cerveau et permet de calibrer les mesures prises par imagerie par résonance magnétique fonctionnelle où la réponse mesurée ne dépend que du niveau d'oxygénation du sang.

Ensuite, il y a les techniques d'imagerie balistiques qui utilisent les photons non ou très peu diffusés pour obtenir des images à très haute résolution de tissus mais avec une très faible pénétration. La microscopie confocale est sans aucun doute le type d'imagerie balistique le plus connu et le plus utilisé en recherche. Elle permet, à l'aide de marqueurs fluorescents, de reconstruire de cartes précises de la position de molécules cibles dans un tissu ou une culture cellulaire à une résolution pouvant atteindre le micron. Dans cette même catégorie, on retrouve également la microscopie deux photons qui permet de détecter plusieurs fluorophores par l'utilisation de multiples canaux et la tomographie optique qui fonctionne sous le même principe que la tomodensitométrie par rayons X à la différence de l'utilisation de lumière. La technique d'imagerie balistique sur laquelle va porter ce mémoire est la tomographie par cohérence optique («Optical Coherence Tomography», **OCT**).

## 1.2 La tomographie par cohérence optique

L'OCT développée par Huang *et al.* (1991) au Massachussetts Institute of Technology utilise la propriété d'interférence de la lumière afin d'obtenir des images de tissus biologiques sur une profondeur pouvant aller jusqu'à 3 mm. Elle permet une résolution de l'ordre du micromètre et, bien qu'elle soit moins résolue que la microscopie confocale, elle permet d'acquérir des volumes beaucoup plus rapidement.

L'imagerie OCT est analogue à celle par ultrason par son mécanisme d'imagerie et de reconstruction tomographique où un profil de réflectivité selon la profondeur est obtenu. De plus, comme l'imagerie par ultrason, il est possible de mesurer des vitesses de déplacements avec un calcul Doppler OCT où une vitesse de déplacement $v$ d'un rétrodiffuseur cause une fréquence Doppler : $f_D = v/\lambda$, où $\lambda$ est la longueur d'onde de la lumière ou de l'ultrason. La différence principale réside dans le fait que la longueur d'onde utilisée en OCT est beaucoup plus faible que celle utilisée avec les ultrasons à haute fréquence, soit habituellement 1.3 µm pour l'OCT et 30 µm pour les ultrasons à 50 MHz. En tenant compte d'un bruit de base à 3 Hz, l'OCT Doppler est capable de mesurer des vitesses de flux qui peuvent aller jusqu'à 0.001 mm/s alors que les ultrasons sont limités à une vitesse minimale d'environ 0.1 mm/s tel que présenté à la figure 1.1.

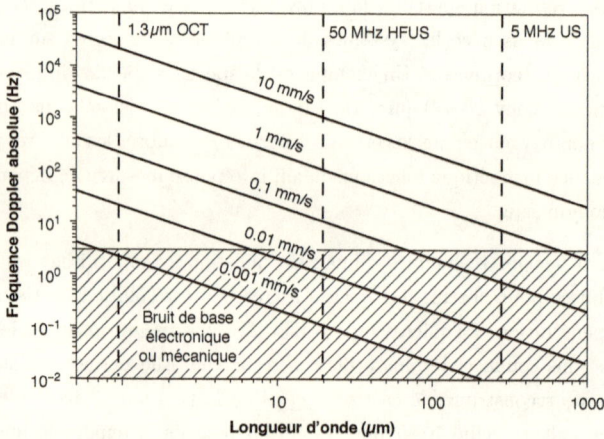

FIGURE 1.1 Fréquence Doppler créée par différentes vitesses de déplacement lors de l'utilisation de d'ultrason Doppler à 5 et 50 MHz comparé à l'OCT Doppler à $1.3\mu m$. L'indice de réfraction du tissu est approximé à 1,4 et le bruit de base électronique et mécanique indépendant de la fréquence est de $\sim 3Hz$. Tiré de Yang et Vitkin (2007)

Les longueurs d'onde utilisées en OCT, habituellement situées vers 850 ou 1310 nm, ainsi que les largeurs de bande de 20 à 100 nm permettent d'obtenir une résolution axiale de l'ordre de 1 à 10 $\mu m$. En tenant compte de l'absorption et de la diffusion de la lumière dans les tissus biologiques, la profondeur de pénétration maximale de l'OCT avoisine 1 à 2 mm. Ces propriétés font en sorte que l'OCT a un rapport de profondeur sur résolution supérieur à 100, ce qui la qualifie selon Wang et Wu (2007) de modalité d'imagerie haute résolution.

Étant donné cette faible profondeur de pénétration, les applications de l'OCT ont toujours été limitées aux tissus minces et facilement pénétrables par la lumière infra-rouge. Ainsi, cette méthode a trouvé une niche en ophtalmologie où elle permet de faire des images de la cornée et de la rétine sans risque de dommage à l'oeil. Sa reconstruction de lignes en profondeur permet d'avoir une image tridimensionnelle de la rétine, information qui était auparavant inaccessible. Certains groupes, tels que White *et al.* (2003) et Leitgeb *et al.* (2003), ont utilisé l'OCT afin de mesurer la vitesse du sang dans la rétine. Une nouvelle méthode d'acquisition développée par Wang *et al.* (2007b) a permis d'évaluer l'irrigation sanguine totale de la rétine. Ces développements visent l'utilisation de l'OCT afin de faire un diagnostique des maladies de la rétine et du nerf optique. Une étude par Medeiros *et al.* (2005) sur 88 patients atteints de glaucome et 78 patients normaux a d'ailleurs démontré sa capacité à évaluer l'épaisseur de différentes couches de la rétine et ainsi faire une détection précoce du glaucome. Une étude par Wang *et al.* (2009) sur une patiente en santé et une patiente diabétique (Type I) atteinte d'une rétinopathie a été menée à l'aide de l'OCT afin de trouver un débalancement de la distribution du flux sanguin dans la rétine de la patiente diabétique. Des appareils commerciaux sont maintenant vendus pour l'utilisation en clinique.

La possibilité de concevoir un système basé sur des fibres optiques a mené au développement de sondes OCT intégrées dans un cathéter. L'utilisation de cathéter est bien répandue en cardiologie lors d'interventions coronariennes percutanées, par exemple lors d'une angioplastie par ballonnet ou pour la pose d'un tuteur. Des cathéters OCT ont récemment été développés afin de produire des images radiales de l'intérieur d'artères coronaires permettant ainsi la visualisation de la plaque athérosclérotique. L'utilisation de sonde OCT dans un cathéter s'est également propagée à d'autres organes tubulaires tel que l'oesophage où il a été utilisé par Chen *et al.* (2007) afin d'évaluer sa capacité à différencier la structure de tissus normaux de tissus ayant subit une métaplasie chez des patients atteints de l'oesophage de Barrett. La technique est également prometteuse en dermatologie tel que souligné dans la revue par Gambichler *et al.* (2005).

## 1.3 L'OCT en recherche cardiovasculaire cérébrale

Depuis les quatre dernières années, de nouvelles techniques ont étés développées afin d'utiliser l'OCT pour imager le réseau vasculaire cérébral chez les petits animaux. Le travail de Wang *et al.* (2007a) a ouvert la porte du domaine en développant une méthode d'imagerie du cerveau à travers le crâne chez la souris et une technique de reconstruction qui sépare les éléments diffusants statiques et dynamiques dans le but de détecter la présence de flux sanguin. Les développements subséquents à ces premiers travaux visent l'amélioration de la résolution permettant l'imagerie de microvasculature cérébrale («Cerebral Microvasculature», **CMV**), le développement de méthodes pour mesurer le flux sanguin quantitatif en $nL/s$ et l'utilisation de la technique sur des rats à travers des fenêtres crâniennes. Avec sa rapidité d'acquisition, son impact minime sur le fonctionnement de la vasculature et sa résolution, l'OCT promet d'être un outil clé dans l'étude de la CMV chez les petits animaux.

La régulation du flux sanguin dans le cerveau est un aspect important des recherches sur la vasculature cérébrale. En effet, les hypothèses les plus récentes sur le développement des maladies neuro-dégénératives semblent toutes pointer vers une cause vasculaire liée à un dysfonctionnement de la régulation sanguine. L'effet de celle-ci est encore mal connu sur la mort neuronale et le fonctionnement du cerveau. Une meilleure compréhension de ce lien permettrait de développer de nouvelles hypothèses sur le développement de maladies telle que l'Alzheimer. Ces hypothèses permettraient d'envisager la mise au point de méthodes innovatrices de prévention et de traitement. Un paramètre clé vers la compréhension de la régulation sanguine est la compliance artérielle. Cette caractéristique des vaisseaux exprime leur réponse lorsque mis sous pression et joue un rôle dans la distribution du flux. Des outils existent pour mesurer la compliance de manière «ex-vivo», mais ces mesures ne sont pas représentatives de la physiologie réelle à laquelle sont soumises les artères. De plus, les méthodes «ex-vivo» ne sont applicables qu'aux larges artères du cerveau et pas à celles de la CMV d'intérêt. Un outil de mesure de la compliance artérielle sur un animal vivant, pouvant sonder la CMV, serait donc un outil pertinent pour fournir de l'information jusqu'à présent inaccessible.

L'OCT, par sa capacité de mesurer le flux sanguin cérébral de manière non-invasive, sa rapidité d'acquisition et sa précision peut être un tel outil. C'est dans cette optique que s'inscrit ce projet de recherche, soit de développer un appareil OCT dans le but de mesurer la compliance des artères de la CMV «in-vivo».

## 1.4   Objectifs de recherche

Les objectifs de ce projet de maîtrise sont présentés en trois phases. Le premier objectif, et le plus complexe, consiste au développement d'un appareil d'imagerie OCT. Cette phase inclue le design optique et mécanique de l'appareil, le montage, la programmation et le test de la détection de flux. De plus, l'appareil développé doit être facile d'utilisation afin qu'il puisse servir dans le cadre de diverses études. L'objectif de développement sera considéré atteint lorsque l'appareil sera capable de mesurer avec précision des flux et des structures. L'appareil doit également démontrer des caractéristiques de résolution et de sensibilité égales ou supérieures à celles d'appareils semblables. L'étape ultime est la mesure de flux sanguin «in-vivo» sur des animaux.

Le second objectif est de développer une méthode d'estimation de la compliance artérielle basée sur les informations disponibles lors d'acquisitions OCT. Cette méthode est l'aspect innovateur du travail.

L'objectif final est d'appliquer la méthode d'estimation de la compliance à deux types d'animaux afin d'observer des différences entre eux. Le résultat obtenu doit pouvoir être comparable à des données de la littérature. L'atteinte de cet objectif pourra permettre d'affirmer que l'OCT est un outil adéquat pour la mesure de la compliance in-vivo.

## 1.5   Plan du mémoire

Ce mémoire fera d'abord une revue de la littérature permettant d'avoir une compréhension de l'OCT de ses débuts jusqu'à ses développements les plus récents en angiographie cérébrale. La revue permettra également de comprendre l'intérêt de l'étude de la compliance vasculaire cérébrale en exposant les dernières hypothèses établissant un lien entre celle-ci et le développement de maladies neurodégénératives.

Suite à cette revue de la littérature, la conception de l'appareil sera traitée. L'optique, la mécanique et le logiciel utilisé seront quelques-uns des sujets abordés. Dans ce même chapitre, la reconstruction des images et l'obtention de mesures in-vivo suivront les étapes de conception.

Des résultats obtenus sur l'appareil seront présentés dans le chapitre suivant la conception. Ces résultats permettront de confirmer le bon fonctionnement de celui-ci. La performance de l'appareil sera également étudiée par plusieurs indicateurs tel que la résolution et la profondeur de pénétration.

Ensuite, un article soumis pour publication en date du 5 août 2011 sera présenté. Dans cet article, l'appareil OCT est utilisé afin de comparer la compliance cérébrale entre deux populations de souris. Les résultats sont interprétés à l'aide d'un modèle vasculaire et sont comparés à des données publiés dans la littérature.

Finalement, une discussion générale terminera ce travail afin de confirmer l'atteinte des objectifs. Cette discussion couvrira également les limitations que rencontre le système développé et les améliorations possibles.

# Chapitre 2

# REVUE DE LITTÉRATURE

La revue de la littérature ici proposée a pour objectif de couvrir les bases ayant permis la réalisation de ce projet de maîtrise. Les principales équations nécessaires à la conception d'un système OCT seront présentées ainsi que les considérations techniques importantes. L'aspect cérébrovasculaire à l'étude dans ce projet de maîtrise sera également présenté dans la perspective d'un lien avec les maladies neurodégénératives. Un pont reliant l'OCT et la recherche neurovasculaire sera établi par l'entremise des travaux récents dans ce domaine.

## 2.1 Bases de l'OCT

### 2.1.1 L'OCT temporelle

L'invention de l'OCT est attribuée à Huang *et al.* (1991) dans un court article d'à peine quatre pages présentant la technique pour la première fois. La figure 2.1 présente le schéma du montage tiré de cette publication. Ce montage est un interféromètre de Michelson fibré. La source de lumière utilisée est une diode superluminescente (Superluminescent Diode : SLED ou SLD) produisant une lumière centrée à 830 nm. La lumière est injectée dans une fibre optique mono-mode (Single mode fiber : SMF) puis divisée en deux par un coupleur. La première partie de la lumière est dirigée vers le bras d'échantillon («Sample» sur le schéma) où elle est collimée et envoyée sur un échantillon. La lumière est réfléchie à différentes profondeurs par les structures de l'échantillon puis retourne dans la SMF. De façon analogue, la seconde partie de la lumière est envoyée dans un bras de référence où elle est réfléchie par un miroir et retournée dans la fibre. Les deux lumières se combinent et leur addition est captée par un photodétecteur.

Pour comprendre le signal détecté par le photodétecteur, un modèle simple est développé par Wang et Wu (2007) où la lumière envoyée est réfléchie par un seul réflecteur à des distances $l_R$ et $l_S$ dans les bras de référence et d'échantillon respectivement. Étant donné la source de lumière large bande, le champ électrique résultant de chacun des bras dépend de

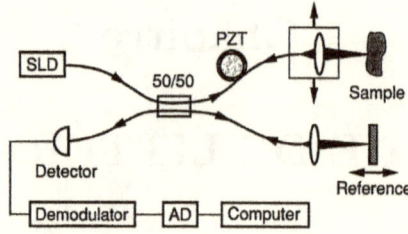

FIGURE 2.1 Schéma original de l'OCT Temporel tiré de Huang *et al.* (1991)

la fréquence angulaire optique $\omega$ soit :

$$E_R(\omega) = E_{R0}(\omega)exp(i(2k_R(\omega)l_R - \omega t)) \tag{2.1}$$

$$E_S(\omega) = E_{S0}(\omega)exp(i(2k_S(\omega)l_S - \omega t)) \tag{2.2}$$

où $E_0$ est l'amplitude du champ et $k(\omega)$, le nombre d'onde. Le champ électrique sur le détecteur provenant de l'addition de ces champs est :

$$E(\omega) = E_R(\omega) + E_S(\omega) \tag{2.3}$$

L'intensité lumineuse correspondant à ce champ s'écrit :

$$I(\omega) = |E_R(\omega) + E_S(\omega)|^2 \tag{2.4}$$

$$= E_{R0}(\omega)^2 + E_{S0}(\omega)^2$$

$$+ 2Re\{E_{R0}(\omega)E_{S0}^*(\omega)exp(-i2(k_R(\omega)l_R - k_S(\omega)l_S))\} \tag{2.5}$$

où $Re\{\cdots\}$ est la partie réelle et $E_{S0}^*$ est le conjugué de $E_{S0}$. Les deux premiers termes de l'équation 2.5 sont constants et le troisième terme d'interférence varie selon la différence de marche entre les deux ondes. On peut donc l'isoler :

$$I_{AC}(\omega) = 2Re\{E_{R0}(\omega)E_{S0}^*(\omega)exp(-i\Delta\phi(\omega))\} \tag{2.6}$$

$$\Delta\phi(\omega) = 2k_R(\omega)l_R - 2k_S(\omega)l_S \tag{2.7}$$

Le photo-détecteur intègre cette intensité sur toutes les fréquences angulaires, le signal détecté par celui-ci est :

$$I_{AC} \quad \propto \quad Re\left\{ \int_{-\infty}^{\infty} S(\omega)exp(-i\Delta\phi(\omega))d\omega \right\} \tag{2.8}$$

$$S(\omega) \quad \propto \quad E_{R0}(\omega)E_{S0}^*(\omega) \tag{2.9}$$

En supposant que le spectre de la source $(S(\omega))$ est limité autour d'une fréquence centrale $\omega_0$ et que les matériaux utilisés dans les deux bras sont uniformes et non-dispersifs, il est possible de faire un développement de Taylor du premier ordre du nombre d'onde autour de la fréquence centrale :

$$k_S(\omega) \quad = \quad k_R(\omega) = k(\omega) = k(\omega_0) + k'(\omega_0)(\omega - \omega_0) \tag{2.10}$$

où $k'(\omega)$ est la dérivée première de $k$ selon $\omega$. On définit la différence de marche comme $\Delta l = l_R - l_S$ et l'équation 2.7 devient :

$$\Delta\phi(\omega) \quad = \quad k(\omega_0)(2\Delta l) + k'(\omega_0)(\omega - \omega_0)(2\Delta l) \tag{2.11}$$

$$= \quad \omega_0\Delta\tau_p + (\omega - \omega_0)\Delta\tau_g \tag{2.12}$$

Où $\Delta\tau_p = (2\Delta l)k(\omega_0)/\omega_0$ est la différence de phase entre les deux bras (délai de phase) et $\Delta\tau_g = k'(\omega_0)(2\Delta l)$ est la différence de la propagation de groupe entre les deux bras (délai de groupe). On peut donc insérer l'expression 2.12 dans l'équation 2.8 et supposant que $S(\omega)$ est symétrique autour de $\omega_0$, on tire la partie réelle :

$$I_{AC} \quad \propto \quad Re\left\{ \int_{-\infty}^{\infty} S(\omega)exp(-i(\omega_0\Delta\tau_p + (\omega - \omega_0)\Delta\tau_g))d\omega \right\} \tag{2.13}$$

$$\propto \quad Re\left\{ exp(-i\omega_0\Delta\tau_p) \int_{-\infty}^{\infty} S(\omega)exp(-i(\omega - \omega_0)\Delta\tau_g)d\omega \right\} \tag{2.14}$$

$$\propto \quad cos(\omega_0\Delta\tau_p) \int_{-\infty}^{\infty} S(\omega)exp(-i(\omega - \omega_0)\Delta\tau_g)d\omega \tag{2.15}$$

Le terme en cosinus de l'équation 2.15 représente une fréquence porteuse qui dépend de la différence de marche et l'intégrale forme une enveloppe. Si $S(\omega)$ est un spectre gaussien

10

centré sur $\omega_0$ avec un écart-type de $\sigma_\omega$, l'équation 2.15 devient :

$$S(\omega) \;=\; \frac{1}{\sqrt{2\pi}\sigma_\omega}\exp\left(-\frac{(\omega-\omega_0)^2}{2\sigma_\omega^2}\right) \tag{2.16}$$

$$I_{AC} \;\propto\; \exp\left(-\frac{(\Delta\tau_g)^2\sigma_\omega^2}{2}\right)\cos(\omega_0\Delta\tau_p) \tag{2.17}$$

$$\propto\; \exp\left(-\frac{(\Delta l)^2}{2\sigma_l^2}\right)\cos(2k_0\Delta l) \tag{2.18}$$

où, moyennant une propagation dans l'air, les remplacements suivant ont été effectués :

$$\tau_g \;=\; \tau_p = 2\Delta l/c \tag{2.19}$$

$$\sigma_l \;=\; \frac{c}{2\sigma_\omega} \tag{2.20}$$

$$k_0 \;=\; \omega_0/c \tag{2.21}$$

La résolution axiale d'un OCT est définie par la largeur à mi-hauteur de l'enveloppe gaussienne de l'équation 2.18, soit :

$$\Delta z_R \;=\; \left(2\sqrt{2\ln 2}\right)\sigma_l \tag{2.22}$$

Une source de lumière est habituellement définie par sa largeur à mi-hauteur dans le domaine des longueurs d'onde. En effectuant les remplacements nécessaires, il devient possible d'exprimer la résolution axiale en fonction de la largeur à mi-hauteur du spectre $\Delta\lambda$ et de sa longueur d'onde centrale $\lambda_0$ :

$$\Delta z_R \;=\; \frac{2ln2}{\pi}\frac{\lambda_0^2}{\Delta\lambda} \tag{2.23}$$

Afin de former une image, le bras de référence balaie en profondeur sur une distance équivalente à la profondeur de l'échantillon à imager. La vitesse de balayage, $v_b = \Delta l/t$ détermine la fréquence porteuse, $f_P$ du cosinus de l'équation 2.18 par :

$$\omega_0 \Delta \tau_p \;=\; k(\omega_0) 2\Delta l \tag{2.24}$$

$$=\; \frac{2\pi}{\lambda_0} 2 v_b t \tag{2.25}$$

$$=\; 2\pi \frac{2 v_b}{\lambda_0} t \tag{2.26}$$

$$f_P \;=\; \frac{2 v_b}{\lambda_0} \tag{2.27}$$

Dans le cas d'une vitesse de balayage lente, il est possible d'augmenter la fréquence porteuse en ajoutant un oscillateur qui fait varier la longueur du bras de référence très rapidement. Avec une fréquence porteuse plus élevée, il devient plus facile de séparer le cosinus de l'enveloppe qui contient l'image.

La figure 2.2 présente les opérations effectuées sur le signal obtenu par le photo-détecteur en TD-OCT. Le balayage de la longueur du bras de référence crée un patron d'interférences composé d'une fréquence porteuse et d'une enveloppe. Un filtre passe-haut vient enlever les contributions continues au signal, $E_{R0}(\omega)^2 + E_{S0}(\omega)^2$ dans l'équation 2.5. Le signal est rectifié à l'aide d'un rectificateur actif et un filtre passe-bas permet de récupérer son enveloppe. Le signal est ensuite numérisé.

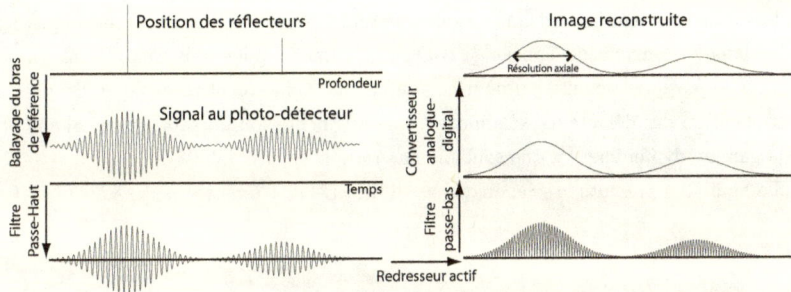

FIGURE 2.2 Traitement du signal obtenu lors du balayage de deux réflecteurs.

Dans le système présenté par Huang *et al.* (1991), un scan équivaut à une profondeur de 2mm balayée à une vitesse $v_b = 1.6mm/s$. La longueur d'onde centrale y est de 830 nm. La fréquence porteuse vaut donc $f_P \sim 3.8$ kHz. Un oscillateur piézo-électrique ajoute une fréquence de 21.2 kHz ce qui donne une modulation à 25 kHz. La reconstruction y est faite en démodulant le signal à cette fréquence. Après chaque balayage d'une ligne, le faisceau est déplacé latéralement afin de prendre une autre ligne et finalement pouvoir reconstruire une image en deux dimensions. Ce mode d'acquisition est appelé B-mode.

Le facteur clé de la vitesse d'acquisition d'un système TD-OCT est la vitesse maximale de balayage du bras de référence. Plusieurs techniques de balayage haute vitesse ont donc été inventées dans les années 90 suite à l'introduction de cette dernière. Une de ces techniques est présentée à la figure 2.3(a) où plusieurs réflexions permettent de multiplier la vitesse de balayage. Des techniques de balayage rapide dans l'espace de Fourier permettent également de découpler les délais de phase et de groupe. Ces techniques utilisent une paire réseau-lentille ainsi qu'un miroir de balayage tel qu'illustré à la figure 2.3(b) afin de varier la différence de marche de la phase et du groupe selon l'angle du miroir.

Dans l'OCT temporelle, l'acquisition se fait de manière séquentielle et, malgré les techniques de balayage, la vitesse reste un facteur limitant important. Toutefois, l'équation 2.5 montre clairement que l'intensité de l'interférence est fonction de la fréquence angulaire $\omega$ et le patron ainsi formé contient toute l'information pour la reconstruction de l'image. C'est de ceci que découle le second type d'OCT présenté à la section suivante : l'OCT dans le domaine de Fourier.

### 2.1.2  L'OCT dans le domaine de Fourier

En remplaçant le détecteur unique d'un TD-OCT par un spectromètre, il devient possible d'effectuer en un seul instant une mesure sur toute la profondeur. Cette technique, appelée OCT dans le domaine de Fourier (FD-OCT), permet d'aller plus rapidement que l'OCT temporelle puisque l'acquisition ne nécessite aucun déplacement mécanique. De plus, par la multiplication des détecteurs, elle mène à une augmentation du rapport signal sur bruit et de la gamme dynamique tel que souligné parAndretzky *et al.* (1998).

La figure 2.4 présente le schéma de base d'un FD-OCT fonctionnant à l'air libre. Comme

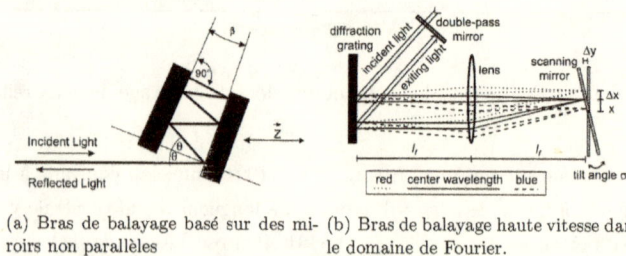

(a) Bras de balayage basé sur des miroirs non parallèles   (b) Bras de balayage haute vitesse dans le domaine de Fourier.

FIGURE 2.3 Bras de balayage pour TD-OCT. Tirés de Bouma et Tearney (2001)

pour l'OCT temporelle, la source de lumière est une source large bande, par exemple une SLED. La lumière est collimée par une lentille et envoyée vers un interféromètre de Michelson où le bras de référence est composé d'un miroir et l'autre bras de l'échantillon. Le patron d'interférence $I(k)$ produit par la recombinaison de ces deux lumières est détecté par un spectromètre composé d'un réseau, d'une lentille et d'une matrice de photodétecteurs.

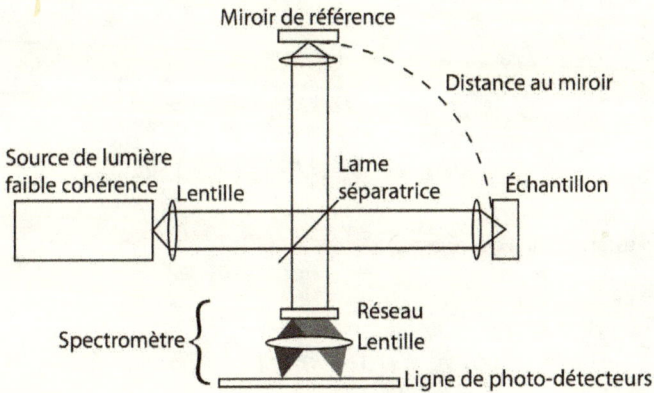

FIGURE 2.4 Schéma d'un montage OCT dans le domaine de Fourier

La réflectivité apparente de l'échantillon selon la profondeur, dénotée par $r'_S(l_S)$, diffère de la réflectivité réelle par l'absorption et la dispersion de la lumière à mesure qu'on entre en profondeur dans l'échantillon. C'est cette réflectivité que l'on essaie de reconstruire afin d'obtenir une image structurelle de l'échantillon. Le signal d'interférence détecté par le spectromètre est donné par l'équation 2.28 où $S(k)$ est le spectre de la source, $r_R$ est la réflectivité du miroir de référence, $l_S$ est la distance parcourue par la lumière à l'intérieur de l'échantillon et $n_S$ est l'indice de réfraction de l'échantillon.

$$I(k) = S(k) \left\{ r_R^2 + r_R \int_{-\infty}^{+\infty} \hat{r}'_S(l_S) \exp(i2kn_Sl_S)dl_S \right.$$
$$\left. + \frac{1}{4}\left| \int_{-\infty}^{+\infty} \hat{r}'_S(l_S) \exp(i2kn_Sl_S)dl_S \right|^2 \right\} \tag{2.28}$$

Dans l'équation 2.28, le premier terme entre parenthèses correspond à l'intensité lumineuse réfléchie par le miroir de référence, le second terme à l'interférence entre les deux bras et le dernier terme est l'interférence propre de l'échantillon qui provient de l'interaction entre les ondes réfléchies à différentes profondeurs de celui-ci. Le signal d'intérêt correspond au second terme, la reconstruction du signal OCT se fait donc en l'isolant et en tentant de le maximiser.

Le changement de variable $l_S = l'_S/(2n_S)$ permet d'exprimer l'équation 2.28 en employant des transformées de Fourier sous la forme :

$$I(k) = S(k) \left\{ r_R^2 + \frac{r_R}{2n_S}\mathcal{F}\left\{ \hat{r}'_S\left(\frac{l'_S}{2n_S}\right)\right\}(k) + \frac{1}{16n_S^2}\left|\mathcal{F}\left\{\hat{r}'_S\left(\frac{l'_S}{2n_S}\right)\right\}(k)\right|^2\right\}$$

(2.29)

où la transformée de Fourier est :

$$F(k) = \mathcal{F}\{f(l'_S)\}(k) = \int_{-\infty}^{+\infty} f(l'_S)\exp(ikl'_S)dl'_S$$

(2.30)

et sa transformée inverse est :

$$f(l'_S) = \mathcal{F}^{-1}\{F(k)\}(l'_S) = \frac{1}{2\pi}\int_{-\infty}^{+\infty} F(k)\exp(-ikl'_S)dk$$

(2.31)

En appliquant la transformée de Fourier inverse à l'équation 2.29 on obtient :

$$\mathcal{F}^{-1}\{I(k)\}(l'_S) = \mathcal{F}^{-1}\{S(k)\}(l'_S) * \left\{ \frac{r_R^2}{2n_S}\delta\left(\frac{l'_S}{2n_S}\right) + \frac{r_R}{2n_S}\hat{r}'_S\left(\frac{l'_S}{2n_S}\right) + \frac{1}{16n_S^2}\mathcal{C}\left\{\hat{r}'_S\left(\frac{l'_S}{2n_S}\right)\right\}\right\}$$

(2.32)

où $\delta$ dénote la fonction delta de Dirac, $\mathcal{C}$, la fonction d'autocorrélation et $*$, le produit de convolution. Le deuxième terme entre parenthèses est la fonction de réflectivité recherchée et les deux autres sont des termes parasites qu'il faut éliminer.

Afin de retrouver la fonction de réflectivité $r'_S(l_S)$ sur un système FD-OCT, il faut d'abord prendre une mesure de la lumière réfléchie par le bras de référence qui correspond à $S(k)r_R^2$. Cette mesure se prend en bloquant le bras d'échantillon ($\hat{r}'_S = 0$). On soustrait et divise cette mesure de l'interférogramme avant d'appliquer la transformée de Fourier inverse, soit

$$\mathcal{F}^{-1}\left\{\frac{I(k)-S(k)r_R^2}{S(k)r_R^2}\right\}(l'_S) = \frac{1}{2n_S r_R}\hat{r}'_S\left(\frac{l'_S}{2n_S}\right)$$
$$+\frac{1}{16n_S^2 r_R^2}\mathcal{C}\left\{\hat{r}'_S\left(\frac{l'_S}{2n_S}\right)\right\} \quad (2.33)$$

$$\tilde{\Gamma}(z) = \mathcal{F}^{-1}\left\{\frac{I(k)-S(k)r_R^2}{S(k)r_R^2}\right\}(2n_S z) \quad (2.34)$$

Suite à cette opération, le changement de variable $l'_S = 2n_S l_S$ où $l_S = z$ permet de revenir dans l'espace de l'échantillon. On dénote $\tilde{\Gamma}(z)$ le signal complexe obtenu à la suite de cette transformation. La norme de ce signal encode la structure de l'échantillon.

Le second terme de l'équation 2.33, qui correspond à l'autocorrélation du bras d'échantillon, peut être minimisé en augmentant l'intensité du bras de référence et en minimisant les réflexions sur des surfaces très réfléchissantes dans le bras d'échantillon. Ces réflexions causent des interférences parasites qui créent une image double de l'échantillon après reconstruction.

Une opération critique lors de la reconstruction d'images en FD-OCT est la linéarisation des données dans l'espace des nombres d'onde $k$. En effet, l'opération de transformée de Fourier s'applique sur l'interférogramme dans l'espace des $k$. Toutefois, le spectromètre donne habituellement un spectre en fonction de la longueur d'onde. Il est donc nécessaire d'effectuer une interpolation numérique des données afin de passer dans l'espace des $k$ pour un système FD-OCT basé sur un spectromètre.

Un autre type de FD-OCT qui ne sera pas abordé dans ce travail est un système avec source de lumière balayée. La source de lumière utilisée dans ces systèmes n'est pas une diode produisant une lumière faiblement cohérente mais plutôt un laser où la longueur d'onde est balayée de manière répétitive très rapidement afin d'obtenir un spectre dans le temps pour chaque ligne de l'acquisition. La détection du signal s'y fait à l'aide d'un seul photo-détecteur et d'une carte d'acquisition. Les sources de lumières à balayage reposent habituellement sur un milieu d'amplification et un mécanisme de balayage en longueur d'onde. Il est d'ailleurs possible de concevoir des systèmes permettant un balayage linéaire dans l'espace des $k$ ce qui accélère la reconstruction. De plus, ces systèmes fonctionnent souvent à 1310 nm et plus ce qui permet d'utiliser des circulateurs afin de récupérer la partie du signal d'interférence habituellement perdue dans le bras de la source. En combinant cette partie avec celle qui retourne dans le bras de détection habituel, il devient possible d'utiliser un détecteur balancé afin d'éliminer le terme d'autocorrélation de l'échantillon et ainsi améliorer significativement la qualité de l'image.

### 2.1.3 L'OCT Doppler

**Base de l'OCT Doppler**

Un aspect clé de l'imagerie OCT est la capacité de mesurer le déplacement à l'intérieur d'un échantillon par le biais de l'effet Doppler. La figure 2.5 présente la géométrie typique d'un réflecteur en déplacement dans un échantillon OCT. Le réflecteur se déplace à une vitesse $v$ selon un angle $\theta$ par rapport à l'onde incidente. La composante de la vitesse perpendiculaire à l'onde incidente est $v_Z = \cos(\theta)$. Dans un TD-OCT, l'effet sur la différence de marche est le même que celui du balayage du bras de référence créant ainsi, de manière homologue à la fréquence porteuse de l'équation 2.27, une fréquence Doppler :

$$f_D = \frac{2v\cos(\theta)}{\lambda_0} \qquad (2.35)$$

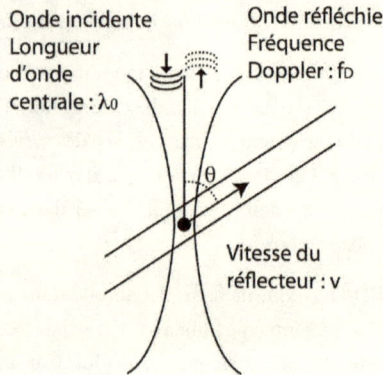

FIGURE 2.5 Réflecteur en déplacement

La fréquence porteuse du signal détecté, $f_P'$ devient donc :

$$f_P' = f_P + f_D \qquad (2.36)$$

Plusieurs techniques existent afin d'estimer localement cette fréquence telles que la transformée de Fourier de courte durée, la transformée de Wigner et la méthode du passage à zéro. La vitesse mesurable en TD-OCT est limitée par deux bornes. D'un côté, celle-ci ne peut être inférieure à $-f_P$ puisque la fréquence porteuse détecté serait nulle. De l'autre, la fréquence d'échantillonnage $f_E$ du système limite la fréquence maximale détectable et ainsi $f_D < f_E/2 - f_P$. Pour un système avec une fréquence porteuse de 25 kHz, une fréquence d'échantillonnage de 100 kHz et une longueur d'onde centrale à 830 nm, la plage de fréquence accessible est $-25$ kHz $< f_D < 25$ kHz et la plage de vitesse accessible est donc de $-10$ mm/s $< v \cos(\theta) < 10$ mm/s.

En FD-OCT, la fréquence porteuse n'est pas accessible puisqu'il n'y a pas de balayage du miroir de référence. Donc, la fréquence Doppler ne peut être estimée à l'aide d'une mesure sur une seule ligne. Pour accéder à la fréquence Doppler en FD-OCT, il faut comparer l'évolution de l'interférogramme entre deux acquisitions subséquentes de la même ligne. Pour ce faire, on se base sur la différence de phase entre deux lignes $\tilde{\Gamma}(z)$ reconstruites par l'équation 2.33. La phase au temps $t$ est donnée par :

$$\Phi(z,t) = \arctan\left(\frac{Im(\tilde{\Gamma}(z,t))}{Re(\tilde{\Gamma}(z,t))}\right) \tag{2.37}$$

La différence de phase entre deux mesures prises au même endroit séparées d'un temps $\tau$ est $\Delta\Phi(z,\tau) = \Phi(z,t+\tau) - \Phi(z,t)$. Cette différence de phase est reliée à la fréquence Doppler par :

$$f_D(z) = \frac{\Delta\Phi(z,\tau)}{2\pi\tau} \tag{2.38}$$

La fréquence Doppler peut ainsi être déterminée sans ambiguïté entre les limites où $\Delta\Phi \in [-\pi, +\pi]$. Lorsque la vitesse est trop élevée, la valeur de la différence de phase peut dépasser la limite de fréquence accessible et on assiste à un repliement. Les systèmes Doppler en FD-OCT sont donc sujets à une limitation au niveau de la vitesse maximale accessible selon le temps d'acquisition ($\tau$) utilisé. En utilisant un temps plus court entre deux acquisitions, la vitesse maximale avant repliement devient plus grande. Toutefois le nombre de photons détectés diminue. La norme de la fréquence maximale détectable sans repliement est :

$$f_D^{max} = \frac{1}{2\tau} \tag{2.39}$$

La vitesse verticale maximale détectable est donc :

$$v_z^{max} = \frac{\lambda_0}{4\tau n} \tag{2.40}$$

## Méthodes pour l'estimation de la fréquence Doppler en FD-OCT

L'estimation de la phase directement à partir de $\tilde{\Gamma}$ suivi par l'application de l'équation 2.38 ne donnent habituellement pas un bon résultat puisque le mouvement des particules crée une décorrélation qui peut venir complètement changer la phase du signal. Plusieurs méthodes ont donc été développées afin d'estimer localement l'effet Doppler. Dans le chapitre 32 du livre «Optical Coherence Tomography in Cardiovascular Research», Yang et Vitkin (2007) présentent plusieurs de ces techniques. Une première est le «Doppler Spectrum Mode» où une transformée de Fourier de courte durée en une seule position permet de suivre dans le temps la norme du spectre de la fréquence Doppler. Une seconde technique est le «Power Doppler Mode» qui permet d'obtenir le volume de flux sanguin. Une troisième technique est le «Velocity Variance mode» qui permet d'identifier les zones où la variance de la vitesse est élevée. Ainsi, un tissu statique démontrera une faible variance alors qu'un flux rapide aura une très grande variance.

## Le «Color Doppler Mode» et l'autocorrélateur de Kasai

La technique la plus importante présentée par Yang et Vitkin (2007) est le «Color Doppler Mode» car elle permet d'obtenir en tout point la fréquence Doppler ainsi que la direction du flux. Cette technique repose sur l'autocorrélation du signal. En TD-OCT, ceci est fait à l'aide d'une ligne de délai telle que présenté par Rollins *et al.* (2002). En FD-OCT, l'autocorrélateur proposé par Kasai *et al.* (1985) est couramment utilisé. Cette technique, originalement développée pour l'imagerie par ultrason, a été adaptée par Yang *et al.* (2002) au Doppler OCT. Le principe est de comparer la phase entre plusieurs lignes et de faire sa moyenne dans une région d'intérêt.

Une amélioration à la technique de Yang est apportée par Ren *et al.* (2006) qui propose une nouvelle méthode de calcul qui améliore la sensibilité aux réflecteurs en mouvement. Soit $\Gamma_j(z)$ le signal complexe obtenu à la suite de la transformée de Fourier de l'équation 2.33 pour la j-ème ligne. On calcule d'abord la différence entre deux lignes adjacentes par :

$$\tilde{M}_j(z) \;=\; \tilde{\Gamma}_{j+1}(z) - \tilde{\Gamma}_j(z) \tag{2.41}$$

On définit ensuite une zone sur N lignes et K profondeurs où l'on va obtenir une valeur moyenne de laquelle on peut tirer la fréquence Doppler locale :

$$A_j(z) \;=\; \sum_{z=m}^{m+K}\sum_{j=n}^{n+N} \tilde{M}_j(z)\tilde{M}_{j+1}^*(z) \tag{2.42}$$

$$f_D^j(z) \;=\; \frac{1}{2\pi\tau}\arctan\left\{\frac{\Im\{A_j(z)\}}{\Re\{A_j(z)\}}\right\} \tag{2.43}$$

Le résultat présenté par Ren *et al.* (2006) est celui d'un flux dans un capillaire où la méthode permet d'obtenir un profil de flux laminaire parabolique mieux définit que la méthode «phase-resolved» standard basée sur une transformée de Hilbert telle que définie par Zhao *et al.* (2000b).

L'avantage de cette méthode sensible aux réflecteurs en mouvement est qu'elle permet de varier la taille de la zone de moyennage. Avec une plus grande taille de zone, on réduit la sensibilité aux petits flux mais en même temps on diminue énormément le bruit Doppler provenant de réflecteurs statiques. Cette zone de moyennage permet également d'obtenir des flux plus continus.

## 2.2 Imagerie de la microvasculature cérébrale

L'étude des réseaux vasculaires fut une des premières applications de l'OCT Doppler. Les premiers développements de la technique était d'abord centrés sur l'imagerie du réseau vasculaire de la peau [Zhao *et al.* (2000a,b); Ren *et al.* (2002)] puis celui de la rétine [Leitgeb *et al.* (2003); White *et al.* (2003); Makita *et al.* (2006); Wang *et al.* (2007b, 2009)]. La profondeur de pénétration de l'OCT étant limitée de 1 à 3 mm selon la longueur d'onde, l'évaluation de la vasculature par l'OCT est contrainte à l'étude des structures à la surface des tissus. Chez l'humain la CMV est difficilement accessible pour l'imagerie à l'OCT, mais les petits animaux, tels que les souris et les rats, se prêtent à de telles études.

Wang *et al.* (2007a) a été le premier à rapporter l'imagerie de la CMV sur une souris. La technique intitulée «Optical Angiography» est en quelque sorte un couplage entre un FD-OCT par la détection d'un spectre et un TD-OCT par l'utilisation d'un stage piézo-électrique sur le miroir de référence. La modulation piézo-électrique introduit une fréquence Doppler constante dans les données qui permet de séparer les réflecteurs statiques et en mouvement. La transformée de Hilbert et la transformée de Fourier sont ensuite appliquées afin d'obtenir les images structurelles et de flux de l'échantillon. Dans cette technique, la vitesse de mouvement du bras de référence impose le seuil de détection des particules et tous les flux plus petits que le seuil seront considérés comme des éléments statiques. L'image obtenue, contrairement au Color Doppler, ne contient pas l'information de vitesse et de direction des particules. La figure 2.6 présente le résultat de la technique de Wang *et al.* (2007a), la diamètre minimal des vaisseaux détectés est approximativement 50 μm.

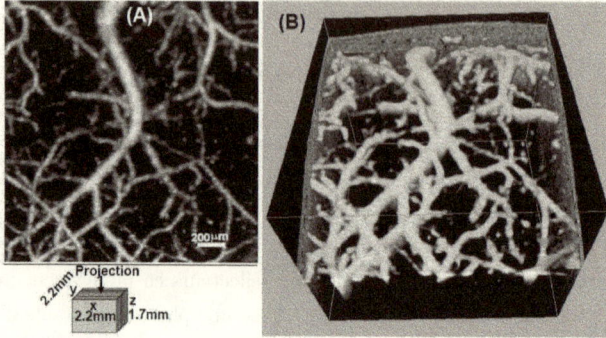

FIGURE 2.6 Vasculature cérébrale obtenue par angiographie optique, volume de $2.2x2.2x1.7mm^3$ obtenu sur une souris adulte avec le crâne laissé intact. A. Projection verticale des vaisseaux B. Image 3D du volume. La taille minimale de vaisseau imagé est d'approximativement 50 μm. Tiré de Wang *et al.* (2007a)

La CMV comporte des capillaires pouvant avoir un diamètre aussi faible que 10 μm. Srinivasan *et al.* (2010a) propose une méthode de balayage permettant une sensibilité au flux lents qui traversent ces capillaires. Des images précise de la microvasculature sont ainsi obtenues.

Après la structure vasculaire, c'est la dynamique de celle-ci qui est étudiée par Chen *et al.* (2009) en combinant un système OCT et un système d'imagerie optique intrinsèque. L'imagerie optique intrinsèque permet d'identifier facilement une zone d'activation. Toutefois l'information qu'elle acquiert n'est pas résolue en profondeur. L'OCT permet d'aller chercher cette dernière information. Le montage utilisé par Chen *et al.* (2009) comporte un OCT basé sur un laser ND :Verre (longueur d'onde centrale de 1060 nm et largeur de 40 nm) et un montage intrinsèque (source de lumière à 570 nm et caméra CCD). Par stimulation de la patte avant, une activation est détectée par le imagerie intrinsèque dans le complexe somato-sensoriel. C'est à cet endroit que l'enregistrement OCT permet de voir la dynamique vasculaire de l'activation soit l'augmentation du débit sanguin.

Le débit sanguin cérébral est étudié par Srinivasan *et al.* (2010b) en développant une technique de mesure du flux sanguin de manière quantitative. Le système utilisé est basé sur une SLED à 856 nm (largeur de 54 nm) permettant d'aller imager la CMV chez des rats où un amincissement du crâne a été effectuée. Le protocole de scan est choisi afin d'effectuer le suréchantillonage nécessaire à la reconstruction de flux lents. La reconstruction est basée sur le «Color Doppler Mode» et l'autocorrélateur de Kasai. La technique est améliorée de sorte que la comparaison entre deux lignes subséquentes, telle que présentée à l'équation 2.42, est augmentée afin de comparer des lignes séparés de plusieurs fois la période d'acquisition. Ceci permet de maximiser la fréquence Doppler détectée.

Une fois l'image reconstruite, la technique utilisée pour mesurer de manière quantitative le flux sanguin repose sur une utilisation judicieuse de l'information de vitesse disponible. Soit un vaisseau de rayon $r$ ayant un angle $\theta$ avec la verticale où circule un flux sanguin $\Phi$ tel que présenté à la figure 2.7. La vitesse moyenne dans ce vaisseau est $\bar{v} = \Phi/(\pi r^2)$. Toutefois, la vitesse détectée en OCT est la composante verticale de cette vitesse, soit $\bar{v}_Z = \cos(\theta)\bar{v}$, ce qui demanderait la connaissance de l'angle $\theta$ et du rayon afin de retrouver le flux. La coupe dans le plan perpendiculaire à la lumière de ce vaisseau révèle une surface elliptique de dimensions $2r$ par $2r/\cos(\theta)$. Cette surface elliptique ayant une aire de $A = \pi r^2/\cos(\theta)$, la somme de la vitesse verticale sur cette surface donne :

$$\sum_A v_Z(x,y) \;=\; \frac{\pi r^2}{\cos(\theta)}\cos(\theta)\bar{v} = \Phi \qquad (2.44)$$

Ce qui correspond au flux quantitatif dans le vaisseau. Cette mesure de flux a donc été obtenue sans la connaissance de l'angle du vaisseau ni de son rayon. Cette démarche ne s'applique que sur un vaisseau sanguin plongeant qui traverse complètement une tranche du plan horizontal X-Y.

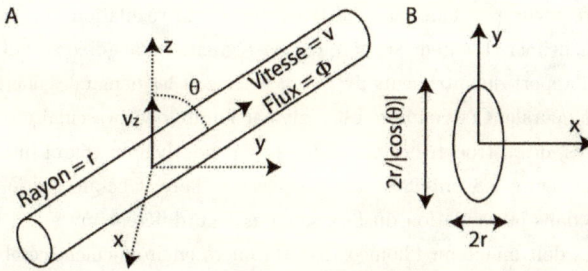

FIGURE 2.7 Mesure quantitative du flux A. Modèle d'artère où circule un flux $\Phi$ B. Coupe dans le plan X-Y de l'artère qui révèle une surface elliptique.

## 2.3 Aspect cérébrovasculaire

Durant les dernières années, la recherche sur les maladies neurodégénératives suggère que le dysfonctionnement vasculaire pourrait être à l'origine de leur développement. Cette dysfonction s'exprime en partie par des changements de la compliance vasculaire qui mène à un dérèglement de la régulation sanguine dans le cerveau. L'origine du lien entre la maladie d'Alzheimer et la régulation sanguine sera d'abord établi. Ensuite, le rôle de la compliance et l'utilisation du modèle d'athérosclérose sera expliqué.

### 2.3.1 Lien possible entre la maladie d'Alzheimer et la régulation sanguine dans le cerveau

L'hypothèse primaire qui a longtemps circulé pour expliquer le développement de la maladie d'Alzheimer se nomme «The Cholinergic Hypothesis». Cette hypothèse veut que la maladie d'Alzheimer soit causée par une réduction de la synthèse de l'acétylcholine, un neurotransmetteur. Dans la revue par Francis *et al.* (1999), les progrès de cette hypothèse sont soulignés mais il est clairement dit que la cause primaire du développement de l'Alzheimer n'est pas encore connue. Cette hypothèse a permis le développement de plusieurs médicaments permettant de ralentir la progression de la maladie mais jamais de l'arrêter ou de la faire régresser.

Un premier lien entre la dégénérescence des vaisseaux sanguins avec l'âge et le développement de la maladie d'Alzheimer est établi par Kalaria (1996). L'auteur souligne que plusieurs changements vasculaire qui viennent avec l'âge sont également observés chez les patients atteints de la maladie d'Alzheimer.

Une autre revue par Iadecola (2004) discute de la régulation neurovasculaire dans la maladie d'Alzheimer. L'auteur suggère que la régulation sanguine se fait par un équilibre précis entre l'apport de nutriments livrés par le sang et les demandes énergétiques imposées par l'activité neurale. Cet équilibre est réglé par l'unité neurovasculaire composée des nerfs perivasculaires, des astrocytes et des cellules de l'endothélium (paroi interne des vaisseaux sanguins). La figure 2.8 présente l'unité neurovasculaire. Chaque partie de cette dernière joue un rôle dans la régulation du flux sanguin à un différent niveau et l'action concertée de ces parties doit maintenir l'homéostasie du micro environnement cérébral. Une perte de l'homéostasie mène à un dysfonctionnement neural.

La même année que la revue précédente, de la Torre (2004) affirme qu'il y a de plus en plus de résultats qui pointent vers une cause vasculaire de la maladie d'Alzheimer. Il cite également les facteurs de risque pour la maladie d'Alzheimer. Sur vingt-huit facteurs énumérés, onze sont reliés au coeur et à la santé vasculaire.

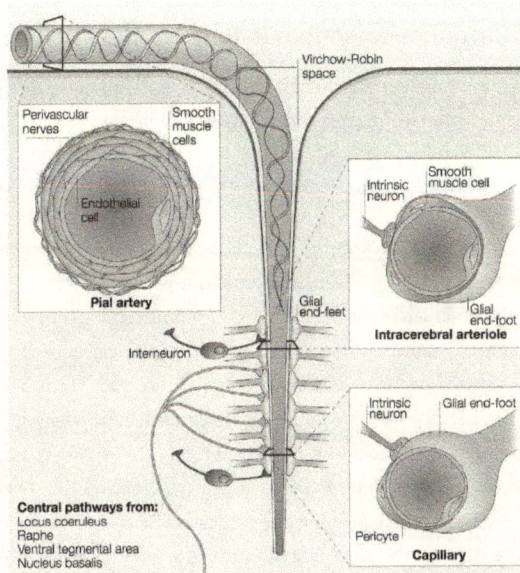

FIGURE 2.8 Unité neurovasculaire telle que présentée par Iadecola (2004). Les artères piales sont entourées de nerfs contrôlant la contraction des muscles lisses. Ces vaisseaux sont séparés des neurones par un l'espace de Virchow-Robin. À mesure que les artères se sous divisent et deviennent plus petites, la vasoconstriction contrôlée par les muscles lisses est remplacée par des mécanismes provenant de l'endothélium. L'ensemble des mécanismes de contrôle forme l'unité neurovasculaire.

Bien que l'étude du rôle de la régulation sanguine dans le développement de maladies neuro-dégénératives semble être une voie prometteuse vers leur compréhension, il existe une autre piste qu'il est important de mentionner. En effet, ces maladies semblent être associées avec une dégénérescence de la barrière sang-cerveau. Cette barrière a comme fonction de limiter l'entrée des molécules circulant dans le sang vers le cerveau. Une hypothèse neuro-vasculaire du développement de la maladie d'Alzheimer basée sur cette barrière est proposée par Zlokovic (2005). Ce dernier propose un mécanisme d'action et des possibilités d'approches thérapeutiques basées sur son hypothèse. Ce lien avec la barrière sang-cerveau est réaffirmé par Bell et Zlokovic (2009)dans un article de revue.

## 2.3.2 La compliance vasculaire et le modèle athérosclérotique

La compliance vasculaire est la capacité d'une artère à prendre de l'expansion lorsqu'elle est soumise à un changement de pression. Elle est définie par

$$C \;=\; \frac{\Delta V}{\Delta P} \qquad\qquad (2.45)$$

où $\Delta V$ est un changement de volume et $\Delta P$ le changement de pression. La compliance est une propriété passive des vaisseaux sanguins qui provient de leur structure. Un vaisseau ayant une grande compliance prendra plus d'expansion lorsqu'il sera soumis à un changement de pression. La figure 2.9 présente le profil de la compliance pour deux types d'artères, la compliance est la dérivée de cette courbe. La compliance joue un rôle clé dans la régulation sanguine puisqu'elle permet de transformer le flux pulsatile provenant du coeur vers un flux constant au niveau des capillaires afin d'effectuer les échanges de nutriments et de dèchets de manière optimale. La compliance est modulée par l'action des muscles lisses entourant les vaisseaux sanguins. Jusqu'à présent, les seules méthodes pour l'étude de la compliance dans la vasculature cérébrale étaient basées sur des mesures «ex-vivo» tel que la «pressure myography» démontrée par Mulvany et Aalkjaer (1990).

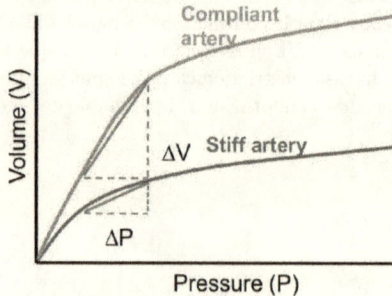

FIGURE 2.9 Profil de compliance pour deux types d'artères. Gracieuseté de Virginie Bolduc.

Un des facteurs ayant l'effet le plus connu sur la compliance est l'athérosclérose. Cet effet est bien documenté par van Popele *et al.* (2001) qui réalise une étude sur plus de 3000 patients. L'athérosclérose est l'épaississement des parois des artères à la suite de dépôts de plaques de matières grasses. Cet épaississement mène à une rigidification des artères qui par conséquent réduit leur compliance. L'étude trouve que l'effet est surtout prononcé dans l'aorte et les artères carotides qui fournissent le cerveau en sang. Cette rigidification mène a une augmentation de la pression systolique et une diminution simultanée de la pression diastolique ce qui cause une élargissement dans la variation de pression lors d'un cycle car-diaque. L'augmentation de la pression systolique met une plus grande charge de travail sur le coeur alors qu'une diminution de la pression diastolique limite la perfusion dans les artères coronariennes. Compte tenu de ce dernier effet sur la perfusion du coeur, il est intéressant de se demander quel sera l'effet observé de l'athérosclérose sur la perfusion dans le cerveau.

De récents développements par Bolduc *et al.* (2011) montrent que l'effet de l'athéro-sclérose semble inversé sur les artères de résistances à la base du cerveau dans un modèle de souris athérosclérotique (ATX). Ces résultats contre-intuitifs semblent indiquer un mécanisme de rétablissement du flux. L'outil utilisé pour effectuer ces mesures est la myographie par pression qui consiste à placer l'artère d'intérêt dans un montage ex-vivo où la pression intra-luminale peut être réglée. La courbe de distension de l'artère en fonction de la pression est ensuite tracée ce qui permet de mesurer la compliance. Ce mécanisme compensatoire pour-rait donc peut-être permettre de rétablir un flux normal dans la CMV des souris atteintes d'athérosclérose. Il n'existe toutefois aucun outil permettant de mesurer la pulsatilité du flux «in-vivo».

Le but du travail proposé est d'étudier l'effet de l'athérosclérose sur la compliance et le flux dans la CMV «in-vivo» à l'aide d'un appareil OCT. Les résultats seront comparés à ceux obtenues en myographie par pression afin de voir si ils convergent vers une interprétation commune.

# Chapitre 3

# CONCEPTION

Ce chapitre sur la conception de l'appareil OCT couvrira plusieurs aspects qui dépassent le simple design mécanique et optique de l'appareil. La figure 3.1 offre une présentation schématique du flux de l'information à travers les différentes composantes du système. C'est l'ordre de ce flux qui sera suivi dans ce chapitre. Ainsi le montage OCT sera d'abord expliqué ce qui comprends l'aspect optique, électronique et mécanique. Sera ensuite abordé le logiciel d'acquisition qui gère le montage OCT, effectue les acquisitions et reconstruit un aperçu des données. Suivra la présentation du second logiciel qui se charge de faire la reconstruction. De manière annexe à ce second logiciel, plusieurs fonctions d'analyse des données permettent d'extraire l'information des images reconstruites.

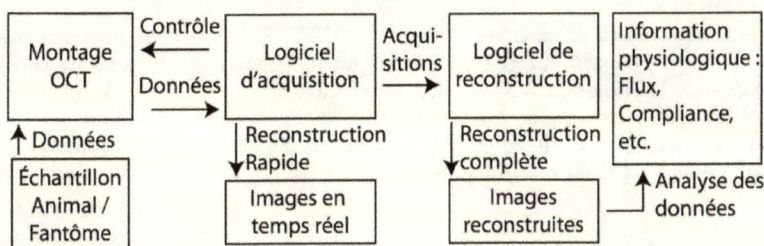

FIGURE 3.1 Schéma général du flux de l'information

## 3.1  Montage OCT

Le montage OCT est centré sur un interféromètre de Michelson fibré autour duquel sont rattachés des composantes permettant le balayage de la lumière et l'acquisition des données. La conception de celui-ci passe d'abord par le choix des composantes optiques et électroniques utilisées afin d'obtenir le patron d'interférence et d'effectuer le balayage de la lumière sur l'échantillon. Les composantes mécaniques sont ensuite choisies et doivent assurer la stabilité du montage tout en permettant des ajustements simples et fiables. Quelques outils connexes au montage OCT viennent compléter le matériel expérimental nécessaire.

### 3.1.1  Optique

L'interféromètre fibré sur lequel est basé le système utilise une source de lumière large bande à 870 nm qui envoie une lumière infra-rouge vers un coupleur 50/50. Ce coupleur sépare la lumière vers un bras d'échantillon et un bras de référence. Dans chacun des bras, la lumière est réfléchie puis revient dans le coupleur où les deux composantes de la lumière produisent un patron d'interférence. La moitié de l'intensité de ce patron est ensuite envoyée vers un spectromètre qui permet de le mesurer. La figure 5.1 présente le schéma de ce montage optique.

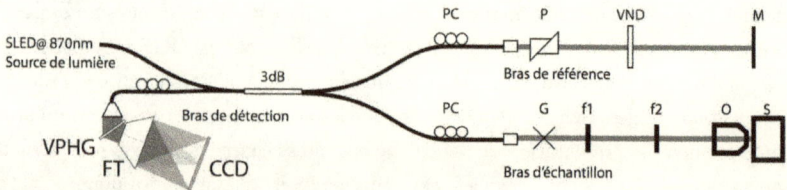

FIGURE 3.2 Schéma du montage optique de l'OCT, SLED : Diode Superluminescente à 870 nm, 3dB : Coupleur 50/50, PC : Contrôleurs de polarisation, P : Prismes pour la compensation de la dispersion, VND : Filtre à densité neutre variable, M : Miroir de référence, G : Miroirs galvanométriques, $f_1$ et $f_2$ : Lentilles de téléscope, O : Objectif de microscope, S : Échantillon à imager, VPHG : Réseau holographique, FT : Lentille F-Theta du spectromètre, CCD : Caméra CCD du spectromètre

**Source de lumière**

La source de lumière utilisée est une SLED fournie par Exalos, modèle EXS8710-2411. Elle a une longueur d'onde centrale à 870 nm, une largeur à mi-hauteur de 65 nm et produit 5 mW. La figure 3.3 présente le spectre de la source. On y remarque une forme de double bosse qui affectera la résolution et qu'il faudra corriger. La source contient une oscillation qui peut produire un artefact constant sur l'image OCT.

Selon l'équation 2.23, la résolution axiale théorique d'une telle source est $\Delta z_R \sim 5.14 \, \mu m$ dans l'air et $\sim 3.86 \, \mu m$ dans les tissus.

**Fibre optique**

La fibre optique utilisée dans ce montage est une fibre HI780 de Corning. C'est à partir de cette fibre que le coupleur est fabriqué. La longueur de fibre du bras de l'échantillon et de

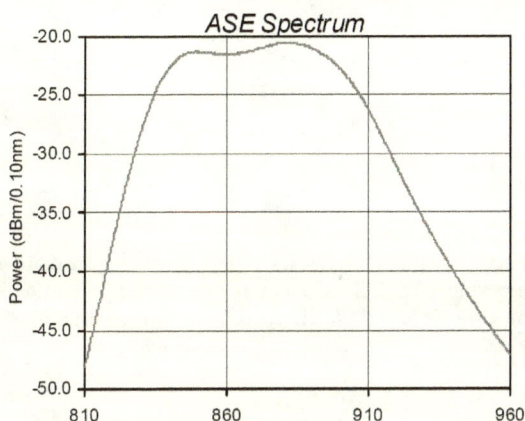

FIGURE 3.3 Spectre de la source EXS8710-2411. Fourni par Exalos

référence doit être égale afin d'éviter une dispersion inégale de la lumière décrite plus loin. Les connecteurs de fibre optique utilisés sont de type FC-APC. Ce type de connecteur est poli à un angle de 8° ce qui limite les rétro-réflections nocives à la source de lumière.

Le coupleur formé à partir des fibres optiques est de type 50/50 pour les longueurs d'onde utilisées dans ce montage. Ce coupleur comprends quatre entrées soit deux de chaque côté. Une lumière qui entre par n'importe quelle des fibres sera divisée également entre les deux fibres opposées.

Trois contrôleurs de polarisation sont couplés aux fibres optiques. La polarisation dans le bras d'échantillon et de référence peut donc être ajustée afin d'optimiser l'intensité du patron d'interférence. Un contrôleur de polarisation est formé de trois boucles ajustables où la fibre s'enroule une, deux puis une fois. Ces boucles s'ajustent afin de varier la polarisation sur toutes les positions dans la sphère de Poincaré. Le contrôleur sur le bras de détection permet d'optimiser la polarisation à l'entrée du réseau holographique.

Un collimateur standard a été assemblé et utilisé à deux reprises dans le montage, soit une fois dans le bras d'échantillon et une fois dans le bras de référence. Le collimateur permet d'obtenir facilement un faisceau parallèle. Les connecteurs FC-APC présentant tous la même géométrie, il suffit d'ajuster une seule fois la distance entre la plaque de soutient du connecteur et les lentilles afin d'avoir une lumière collimée. La figure 3.4 présente ce collimateur.

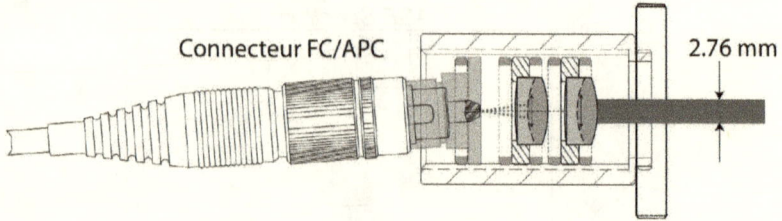

FIGURE 3.4 Schéma du collimateur, deux lentilles achromatiques de 16 mm permettent d'obtenir un faisceau collimé d'environ 2.76 mm de diamètre. L'utilisation de deux lentilles permet d'obtenir une distance focale effective plus faible tout en utilisant des lentilles facilement disponible sur le marché.

**Bras d'échantillon**

Le bras d'échantillon permet d'effectuer le balayage de la lumière sur le spécimen étudié. La figure 3.5 présente un schéma du montage du bras d'échantillon pour des lentilles de $f_1 = 75$ mm et $f_2 = 150$ mm. À la sortie de la fibre optique, un collimateur est monté sur un stage de positionnement en X-Y qui permet d'ajuster avec précision la position du faisceau de lumière sur les deux miroirs galvanométriques de balayage. La première lentille ($f_1$) est située à cette même distance focale des miroirs. À la sortie de cette lentille, un miroir mobile permet d'ajuster l'angle du faisceau. La seconde lentille ($f_2$) est située à une distance $f_1 + f_2 = 225$ mm de la première. Finalement, l'objectif, monté dans une roue à objectifs, est situé à une distance $f_2$ de la seconde lentille. Dans cette configuration, il est important que l'objectif soit corrigé à l'infini afin qu'un faisceau collimé qui y entre soit focalisé correctement.

La position du point focal de la lumière sur l'échantillon dans le plan transverse X-Y dépend de l'angle de déflexion des galvanomètres soit $\theta_X$ et $\theta_Y$ par les équations 3.1. La distance focale de l'objectif ($f_{Obj}$) est de 18 mm pour l'objectif 10X de Olympus utilisé dans ce montage.

$$x = 2f_{Obj}\frac{f_1}{f_2}\theta_X \qquad (3.1)$$
$$y = 2f_{Obj}\frac{f_1}{f_2}\theta_Y$$

**Forme du faisceau**  Le faisceau qui émerge de l'objectif de microscope suit un profil de propagation gaussien tel que présenté à la figure 3.6. Ce profil dicte la forme du faisceau en

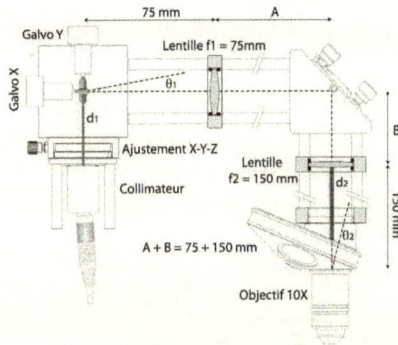

FIGURE 3.5 Schéma du bras d'échantillon avec des lentilles $f_1 = 75\,\mathrm{mm}$ et $f_2 = 150\,\mathrm{mm}$

tout point de l'espace. Un profil gaussien possède toujours un étranglement $w_0$ qui dépend de la longueur d'onde de la lumière utilisée et de l'angle de divergence $\Theta$

$$w_0 \;=\; \frac{2\lambda}{\pi\Theta} \tag{3.2}$$

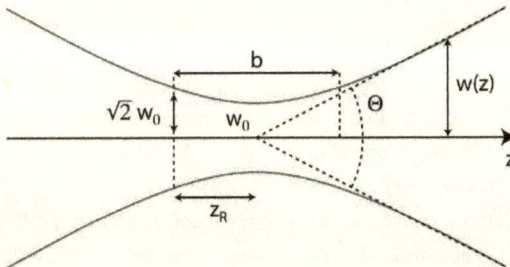

FIGURE 3.6 Profil de propagation d'un faisceau Gaussien

La taille de l'étranglement du faisceau a une importance capitale pour la mesure de l'effet Doppler. La reconstruction du signal Doppler par l'autocorrélateur de Kasai requiert au moins deux mesures au même endroit afin de pouvoir comparer les phases du signal entre elles. Toutefois, afin de former une image, il est nécessaire d'effectuer un balayage et les mesures se trouvent donc à être espacées l'une de l'autre. Ainsi par exemple, lors d'un balayage de $800\mu m$ avec 840 points il y a une distance de $0.95\,\mu m$ entre chaque mesure. Si toutefois le faisceau a un étranglement de $10\,\mu m$, il y a un suréchantillonnage d'un facteur

~ 10.5 qui permet de comparer les mesures entre elles comme si elles avaient été prises au même endroit.

Un autre aspect clé de la forme du faisceau est la longueur sur laquelle son front d'onde est approximativement plat. Cette distance, nommée paramètre confocal ou distance de Rayleigh, dicte la profondeur sur laquelle la lumière réfléchie dans l'échantillon reviendra sur ses pas et contribuera à créer de l'interférence. Cette distance $b$ est reliée à l'étranglement par :

$$b = \frac{2\pi w_0}{\lambda} \tag{3.3}$$

La forme du faisceau gaussien obtenu à la sortie de l'objectif de microscope dépend du diamètre du faisceau qui y entre. Ainsi, en microscopie confocale on cherche à augmenter au maximum la taille du faisceau qui entre sur l'objectif afin d'avoir un confinement le plus fin possible et donc la meilleure résolution latérale. Toutefois, c'est le contraire qui est recherché pour ce système OCT. C'est dans cet esprit que le choix des lentilles du bras d'échantillon a été fait. Elles permettent d'obtenir un faisceau ayant un étranglement de 5 μm et un paramètre de Rayleigh de 20 μm.

Les lentilles choisies sont toutes fabriquées de verre BK-7 et sont recouvertes d'un enduit anti-reflet pour la gamme de lumière infra-rouge utilisée.

### Bras de référence

Le bras de référence doit, d'un point de vue optique, être équivalent au bras d'échantillon par la distance parcourue et par la dispersion. Il doit également permettre l'ajustement de l'intensité de la lumière.

D'abord, la distance parcourue par la lumière doit être égale à celle du bras d'échantillon. Cette distance doit être ajustable de manière grossière afin d'obtenir le phénomène d'interférence, puis de manière fine afin de régler la hauteur de l'échantillon dans l'image. Ceci est réalisé par l'utilisation d'un rail optique avec chariots mobiles de type «dove tail» sur lequel est monté un stage micro-métrique.

Ensuite, la distance parcourue dans les différents milieux doit être la même afin de compenser l'effet de la dispersion. Dans l'air, la vitesse de la lumière $c$ est égale pour toutes les longueurs d'onde. Toutefois, dans d'autres matériaux, la vitesse dépend de la longueur d'onde. Un train d'onde contenant plusieurs longueurs d'onde qui traverse un milieu tel que le verre verra donc certaines longueurs d'onde devancer le train. Cette dépendance est différente pour chaque type de verre et est appelée la dispersion. Dans le cas d'un décalage de dispersion entre les deux bras, le phénomène d'interférence ne se produit plus de manière efficace. Il est donc nécessaire d'ajouter au bras de référence une quantité de verre variable permettant de compenser la dispersion occasionnée par les lentilles du bras d'échantillon. Cette distance de verre variable est réalisée à l'aide de deux prismes de verre (BK-7) joints à leur hypoténuse par une huile possédant le même indice de réfraction que ceux-ci.

Finalement, le dernier ajustement nécessaire au bras de référence est son intensité. À lui seul le miroir de référence retourne une lumière beaucoup trop puissante vers le spectromètre ce qui cause de la saturation et une perte du signal d'interférence. Il est donc nécessaire d'ajuster l'intensité lumineuse. Ceci est accompli par une roue de densité neutre à intensité variable. En faisant tourner la roue, on peut passer d'un niveau ND0 à un niveau ND40 ; soit une lumière transmise de $10^0$ à $10^{-4.0}$ suivant l'échelle logarithmique utilisée.

Il est important de noter que le type de miroir de référence utilisé a un impact sur la qualité du patron d'interférence. Dans une première itération du système, un miroir dichroïque était utilisé mais ce type de miroir déforme le spectre et introduit une inversion de la phase dans le patron d'interférence à une longueur d'onde précise. Le type de miroir à utiliser est donc un miroir fait d'une seule surface d'argent protégée.

**Bras de détection**

Le bras de détection est un spectromètre composé de quatre pièces : une lentille de type macro, un réseau, une lentille F-Theta et une caméra ligne. La figure 3.7 présente une illustration de ce spectromètre. Son objectif est de séparer les longueurs d'onde de la lumière qui y entre et de focaliser avec précision cette lumière séparée sur une caméra ligne.

La propagation d'un faisceau gaussien dicte que, pour avoir un point focal très fin, il faut commencer avec un faisceau très large. C'est pour cette raison qu'une lentille macro de focale 80mm est utilisée. Cette dernière crée un faisceau collimé d'une largeur de presque 2.5cm.

Ce faisceau est envoyé sur un réseau holographique ayant une fréquence de 1200 lignes par mm. Pour une longueur d'onde centrale de $870nm$, le faisceau doit être incident à un angle de $\sim 31.5°$ afin de maximiser le faisceau diffracté au premier ordre. L'ajustement de

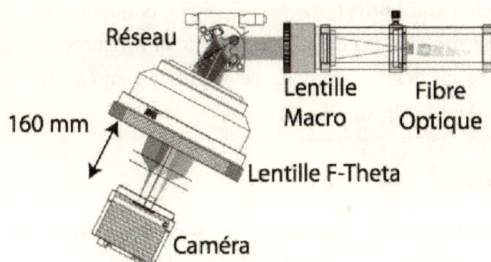

FIGURE 3.7 Spectromètre utilisé pour la détection. La lentille macro crée un faisceau parallèle de $\sim 2.5\,cm$ de largeur. Le réseau sépare les longueurs d'onde selon différents angles. La lentille F-Theta collime chaque longueur d'onde sur un point différent de la caméra ligne.

cet angle se fait à l'aide d'une platine rotative précise. Le réseau diffracte chaque longueur d'onde incidente à un angle légèrement différent. Pour une largeur de spectre de 65 nm, les longueurs d'onde sont réparties sur un éventail de $\sim 5.2°$.

La lentille F-Theta d'une focale de 160mm permet de prendre les faisceaux déviés à différents angles et de les collimer sur une ligne focale. Cette ligne a une largeur focale de 13 µm. L'utilisation d'une lentille F-Theta est très importante puisque sa ligne focale trace réellement une ligne alors qu'une lentille normale focalise sur un arc de cercle.

Finalement, la détection se fait par une caméra ligne CCD de Basler (modèle sprint spl2048-140k). Cette caméra possède 2048 pixels de largeur par 2 pixels de hauteur. Chaque pixel a une dimension de 10 µm par 10 µm. La caméra choisie est habituellement utilisée pour la lumière visible toutefois, son spectre de détection couvre le proche infra-rouge ce qui convient à cette application.

Le spectromètre réalisé permet d'accéder à une plage d'environ 84 nm ce qui suffit amplement à accommoder la largeur du spectre de la source.

## 3.1.2 Électronique

Les composantes électroniques du montages permettent l'interface entre le montage et l'ordinateur. Ainsi, les deux cartes d'acquisition permettent la communication avec l'équipement et l'acquisition des données, les galvanomètres permettent d'effectuer le balayage du faisceau de lumière sur l'échantillon et la caméra capte le patron d'interférence de la lumière.

### Caméra

La caméra présentée à la section précédente est alimentée par une entrée 12 V et communique avec l'ordinateur par le protocole «Camera Link Full» qui nécessite 2 câbles. Plusieurs paramètres de la caméra sont configurables. Le plus important est le mode d'acquisition. Par exemple, un premier mode de contrôle externe permet de déclencher l'acquisition d'une ligne de la caméra par l'utilisation d'une ligne de synchronisation. La caméra peut également fonctionner en mode indépendant selon son horloge interne. C'est ce paramètre qui a été choisi et la caméra s'est donc retrouvée à être le chef d'orchestre de la synchronisation du système. Le mode indépendant assure un délai entre deux acquisitions toujours précis, ce qui est primordial pour la reconstruction du signal Doppler.

### Miroirs montés sur galvanomètres

Les miroirs montés sur des galvanomètres, communément appelés galvos, permettent de balayer le faisceau de lumière très rapidement et ainsi de produire le scan sur la surface de l'échantillon. Ce sont deux miroirs montés à un angle de 45° par rapport à la lumière incidente qui permettent de défléchir le faisceau selon deux angles orthogonaux. Le premier miroir, plus petit, est dénoté miroir X et le second, plus large, Y. Par sa taille et sa faible masse, le miroir X est adapté à un scan rapide tandis que le miroir Y est habituellement réservé à l'axe lent du scan.

Deux cartes de contrôle des galvos permettent chacune de régler la tension qui y est envoyée et d'en surveiller l'état. Ces cartes requièrent un voltage de contrôle en entrée ainsi qu'une alimentation stable. Le voltage de contrôle est directement proportionnel à l'angle de déflexion du miroir. Ainsi, pour un volt en entrée, l'angle du miroir est de un degré. La plage de déviation est de -10 à 10 degrés.

## Carte multi-fonction

La carte NI USB-6221 est une carte d'acquisition multi-fonction comportant 16 entrées analogues, deux sorties analogues et 24 entrée-sorties digitales. Les deux sorties analogues sont utilisées afin d'envoyer des voltages aux contrôleurs des galvanomètres. Cinq entrées analogues sont configurées. La première entrée est consacrée à l'enregistrement du signal d'électrocardiographie (ECG). Deux autres sont branchées directement au signal des galvos afin de surveiller le voltage réel transmis aux contrôleurs. Les deux entrées finales sont laissées libres afin d'être utilisées à différentes fins (surveillance de la physiologie de l'animal, de stimulations, etc). Finalement, une entrée digitale est reliée au port de synchronisation de la carte d'acquisition de la caméra permettant de déclencher l'acquisition ou la prise d'une donnée par le signal de la caméra.

## Carte d'acquisition de la caméra

La carte PCIe-1429 est une carte d'acquisition interne utilisant le standard «Camera Link» afin d'établir une connexion avec une caméra haute vitesse. Cette carte envoie des commandes à la caméra et en reçoit les images. Une connexion série permettant la communication est incluse dans le protocole «Camera Link». Le haut débit d'acquisition requiert deux câbles à 25 pins entre la caméra et la carte. Un port de type PCI express 4x est également nécessaire pour supporter ce débit.

La carte comprend une sortie coaxiale de synchronisation qui peut être configurée pour les différents modes de synchronisation de la caméra. Cette sortie a été configurée afin d'envoyer un pulse à chaque acquisition de la caméra (une A-line). La carte comprend également une mémoire interne qui lui permet d'accumuler un certain nombre de lignes avant de les transmettre sous la forme d'une image. Cette dernière propriété est à la base des modes d'acquisition du système.

## 3.1.3  Mécanique

Cette section présente les composantes mécaniques du systèmes. Celles-ci doivent pouvoir assurer un alignement simple des pièces et une stabilité du montage

### Alignement optique

**Système par cage**  Un système par cage permet d'aligner facilement des composantes optiques sur un axe. Le système standard d'un pouce conçu par Thorlabs a été utilisé ici. Le bras de l'échantillon, tel que présenté à la figure 3.5 a été entièrement conçu à l'aide de telles pièces.

**Supports à miroir**  Les miroirs du bras de référence et du bras d'échantillon sont montés sur des supports où l'angle est ajustable («kinematic mounts») afin de permettre l'alignement du faisceau au centre de l'axe optique.

**Ajustement de la caméra**  La caméra du spectromètre est placée dans une série de stage permettant au total six degrés de liberté. La caméra peut être déplacée selon les trois axes et peut également tournée autour de ceux-ci. Ces degrés de liberté sont nécessaires pour assurer un alignement optimal du capteur sur la ligne focale de la lentille F-Theta.

### Stabilité et reproductibilité du système

Dans tout montage optique, la stabilité de la position des pièces est d'une importance capitale pour le bon fonctionnement du système et la reproductibilité des résultats. En OCT, cette stabilité est encore plus importante puisque le système est sensible à des variations de différence de marche entre les deux bras de l'ordre d'une demi-longueur d'onde, soit 400 nm dans le cas présent. De plus, l'alignement du système pouvant facilement prendre quatre heures, la stabilité doit également être assurée à long terme. Ainsi, un système aligné doit pouvoir le rester durant plusieurs semaines avec quelques retouches minimales à chaque utilisation.

En plus de la stabilité statique des composantes du systèmes, les composantes mobiles choisies doivent répondre à un critère de stabilité en translation ou en rotation. Par exemple, un stage de translation ne doit effectuer son déplacement que selon la direction indiquée et ne doit pas se déplacer latéralement ou verticalement lorsqu'utilisé.

Ainsi trois types de stabilité sont définis :

1. La stabilité à long terme, c'est à dire la capacité des pièces à garder leur position après avoir été ajustées lors de l'alignement ;

2. La stabilité expérimentale qui qualifie la sensibilité des pièces aux vibrations lors de l'expérience ;

3. La stabilité dynamique qui s'applique aux pièces ajustables et qui qualifie leur qualité à se déplacer uniquement selon leur sens indiqué sans jeu ni déviation.

Quelques problèmes de stabilité se sont révélés lors de l'alignement ou de l'utilisation du montage. Voici une liste non exhaustive de quelques uns de ces problèmes.

**La table optique** La première table optique utilisée était une table métrique d'environ 1 m par 1.5 m qui ne comportait aucun dispositif d'atténuation des vibrations. C'était une table posée sur quatre pattes directement sur le plancher. Après les quelques premières expériences animales, il est apparu évident que la table transmettait énormément de vibrations du sol par des fréquences régulières qui apparaissaient sur l'image Doppler même lors d'images sur fantômes. Cette table a donc été remplacée par une table sur coussin d'air ayant ainsi une atténuation active des vibrations. La stabilité de cette table a été confirmée lors de l'acquisition d'un patron d'interférence en utilisant un miroir dans le bras d'échantillon. Dès que l'air comprimé était retiré, la table retournait se poser sur ses pattes sans coussin d'air et le patron d'interférence devenait aussitôt instable.

**Le bras d'échantillon** Dans la première itération du bras d'échantillon, celui-ci était maintenu au-dessus du spécimen à images à l'aide de deux poteaux fixés sur une plateforme d'ajustement en hauteur. Cette configuration permettait un mouvement de bascule qui menait à une instabilité lors de l'acquisition. Un système de support par rails a permis de stabiliser le bras. La figure 3.8 présente les schémas de l'ancien et du nouveau bras.

**Caméra du spectromètre** L'ajustement du stage contrôlant la hauteur de la caméra est critique puisqu'un déplacement de seulement 10 µm est suffisant pour perdre toute l'intensité lumineuse. Une fois ajustée au début de l'expérience, la position du stage reste stable pour toute la durée de celle-ci. Toutefois, il est nécessaire de le réajuster à chaque journée d'expérience puisqu'il peut s'être déplacé légèrement. Cet ajustement est rapide et n'a donc pas nécessité un changement au design.

**Stage de translation du bras de référence** La longueur du bras de référence doit pouvoir être facilement ajustable sans nécessiter un réalignement du faisceau. La première solution pour implémenter cet ajustement consistait en un système de cage mais il s'est

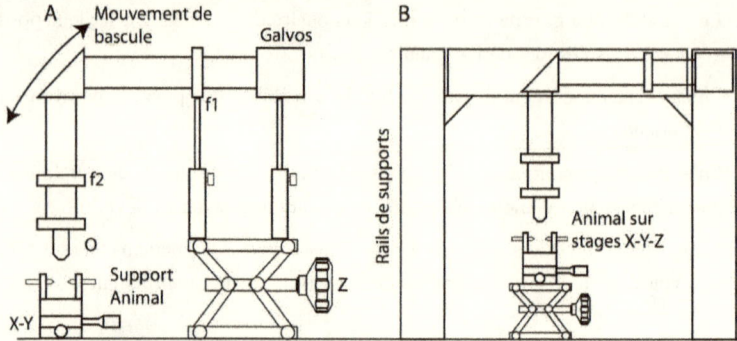

FIGURE 3.8 Stabilité du bras d'échantillon. A : Montage initial, la position du bras d'échantillon en hauteur sur une plaque de positionnement verticale et sur deux poteaux réduisait énormément sa stabilité. L'objectif de microscope était loin de la fixation sur la table et donc sujet à un mouvement de bascule. B : Montage final, des rails de supports de 6 cm permettent de fixer solidement le bras en place. Tous les axes de translation se retrouvent sur l'échantillon qui est moins lourd ce qui permet un positionnement plus fin sans risque de désalignement.

avéré très instable. La solution retenue a donc été d'utiliser un rail optique avec des chariots mobiles.

**Stage de translation de l'échantillon** Un des stages de translation de l'échantillon présentait un jeu dans la direction transverse. Ainsi, lorsque mis en mouvement, il sautait d'environ 0.5 mm dans la direction orthogonale à celle désirée. Ce stage a simplement été remplacé.

### 3.1.4 Matériel connexe

Certaines autres composantes du montage ne sont pas nécessaires au fonctionnement de l'OCT mais jouent un rôle important lors des tests de l'appareil et des manipulations animales

#### Fantôme optique

Un fantôme optique est un objet possédant les mêmes caractéristiques optiques qu'un tissu biologique. Un tel fantôme a été fabriqué à base de gel silicone où la diffusion était assurée par des particules de $TiO_2$ et l'absorption par des particules d'encre. Un capillaire en verre d'un diamètre d'environ 100 μm était encastré dans le fantôme. Il était possible de faire circuler dans ce tube un fantôme liquide afin de valider la capacité du système de mesurer des flux.

**Tapis chauffant**

Un tapis chauffant est utilisé lors d'expériences sur les animaux. Ce tapis, couplé avec des sondes de température, permet de garder l'animal à une température constante de 37 °C.

**Caméra visible**

Une caméra est montée dans le bras d'échantillon afin d'obtenir une image en lumière visible du plan focal de l'objectif. Cette caméra peut obtenir une image grâce à une lame dichroïque qui réfléchit la lumière visible mais transmet la lumière infra-rouge. De plus, cette caméra est capable de détecter l'infime partie de la lumière infra-rouge qui est réfléchie par la lame dichroïque. Essentiellement, cette caméra permet, lors de manipulations, d'observer le champ de vision de l'objectif, d'identifier des structures et d'apercevoir le balayage de la lumière infra-rouge sur l'échantillon.

**Amplificateur d'ECG**

Afin de reconstruire le flux sanguin sur un cycle cardiaque, le signal d'électrocardiographie (ECG) de l'animal est nécessaire. De plus, la mesure de ce signal lors d'une acquisition permet de calculer le rythme cardiaque de l'animal et ainsi d'avoir une méthode de surveillance de la physiologie de celui-ci. Le signal est capté par trois électrodes ; deux sous la peau des pattes avant et une au niveau de la patte arrière gauche. Le signal obtenu étant faible, un amplificateur est nécessaire afin de pouvoir le mesurer à l'aide de la carte d'acquisition.

**Stage stéréotaxique**

Un stage stéréotaxique est utilisé lors de manipulation sur les animaux. Ce stage fixe en trois points le crâne de l'animal afin de s'assurer qu'aucun mouvement physiologique n'introduit d'erreur dans l'acquisition. Deux tiges sont placées dans les conduits auditifs et une troisième stabilise le museau. La figure 3.9 présente un stage pour souris.

## 3.2  Logiciel d'acquisition

Le logiciel utilisé afin de gérer le montage OCT et d'effectuer les acquisitions a été conçu sous l'environnement Labview (National Instruments). La figure 3.10 présente les fonctions

FIGURE 3.9 Stage stéréotaxique pour souris.

principales du logiciel séparées selon deux catégories. Les fonctions d'initialisation ne sont exécutées qu'une seule fois lors du démarrage du système alors que celles d'exécution prennent la forme de boucles répétées jusqu'à l'arrêt.

## 3.2.1   Fonctionnement principal

Trois actions sont exécutées afin d'initialiser le système. La première est une fonction qui permet de choisir les paramètres de configuration de la caméra et de lui envoyer des commandes afin de l'initialiser. La seconde action réserve l'espace mémoire utilisée par les différentes queues du système. La troisième se charge d'initialiser les entrées et sorties de la carte d'acquisition.

Un outil de Labview utilisé à plusieurs reprises dans le logiciel est la queue de mémoire. Une queue permet de garder une séquence d'éléments identiques selon leur ordre d'acquisition et de les traiter dans la même séquence. Soit deux fonctions, une fonction rapide qui fait l'acquisition d'images et une seconde lente qui fait leur reconstruction. L'utilisation d'une queue de mémoire permet de continuer l'acquisition rapide sans avoir à attendre après la reconstruction de chaque image.

La boucle d'acquisition de la caméra s'exécute à chaque image récupérée de la carte

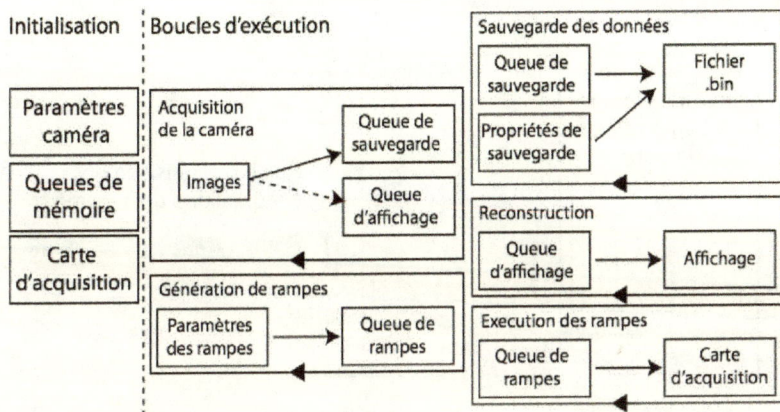

FIGURE 3.10 Schéma des principales fonctions du logiciel d'acquisition

d'acquisition. En temps normal elle place cette image dans la queue d'affichage, mais lors d'un enregistrement l'image est placée dans la queue de sauvegarde. Cette sélection s'assure qu'il n'y ait pas d'affichage lors d'un enregistrement afin de limiter la charge sur l'ordinateur.

Le balayage des galvos est contrôlé par des rampes de voltage. Plusieurs types de rampes sont définies dans le logiciel. Ainsi, le balayage d'une tranche requiert une seule rampe par axe en forme de triangle. Le balayage d'un volume requiert une dent de scie pour la rampe X et une valeur qui augmente lentement pour la rampe Y. Le nombre d'éléments dans une rampe est un multiple du nombre de lignes accumulées dans une image. Ainsi, chaque image transmise par la carte d'acquisition de la caméra correspond exactement au balayage d'une seule tranche. La synchronisation des deux éléments se fait ligne par ligne et, contrairement à d'autres systèmes conçus en recherche, il n'y a pas de marqueur de début de balayage. La figure 3.11 présente un schéma du principe de synchronisation pour une rampe balayant 945 éléments.

## 3.2.2 Fonctions auxiliaiares

La boucle de sauvegarde initialise des fichiers binaires (.bin) afin d'y enregistrer les données. Chaque fichier débute par un en-tête donnant les propriétés importantes de l'acquisition et est suivi des données pour l'acquisition de 400 images. À chaque multiple de 400, un nouveau fichier est ouvert. La génération du nom et de l'emplacement des fichiers est automatisée permettant ainsi de sauver du temps lors des manipulations.

Le logiciel effectue l'affichage des données brutes acquises par la caméra ainsi que celles

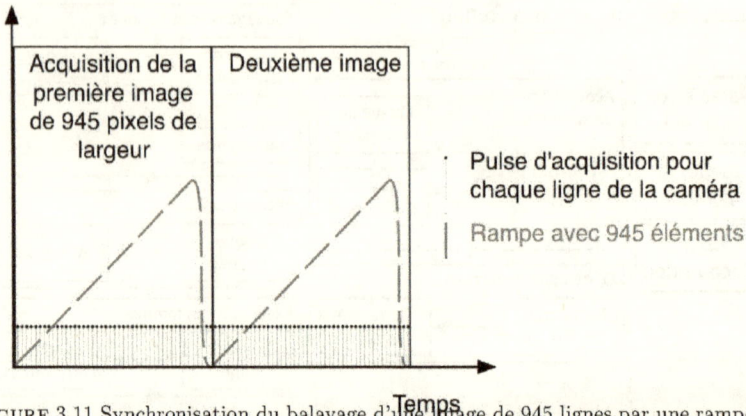

FIGURE 3.11 Synchronisation du balayage d'une image de 945 lignes par une rampes de 945 éléments. La carte d'acquisition réagit aux pulses de synchronisation envoyés par la caméra. La rampe comporte une partie linéaire et une partie polynomiale qui assure un retour en douceur du galvanomètre.

de l'information reçue par les différentes entrées de la carte d'acquisition comme l'ECG. Une fonction de reconstruction légère est également incluse dans le logiciel. Cette fonction a été la première ébauche du code de reconstruction complet, plus tard écrit en Matlab. À ses débuts, cette fonction a permis de tester rapidement différentes modifications au code de reconstruction et d'observer les résultats en direct. Cette fonction est maintenant utilisée afin de faire l'affichage en temps réel de l'échantillon imagé. Elle permet de générer l'image structurelle et l'image Doppler de l'échantillon et ses paramètres de reconstruction sont flexibles. L'image de vitesse de flux qu'elle produit permet d'identifier facilement des vaisseaux sanguins et donc de trouver les zones d'intérêt.

Une fonction du logiciel permet de calculer le rythme cardiaque de l'animal lors d'une manipulation. Celle-ci utilise le signal d'ECG et applique une détection de pics afin de calculer le rythme en battements par minute. Cette fonction est nécessaire afin de surveiller la physiologie de l'animal. La figure 3.12 présente le résultat de détection de pics ECG et le calcul du rythme cardiaque.

### 3.2.3 Limitations du logiciel

Le logiciel connaît plusieurs limitations qui doivent être respectées pour son bon fonctionnement. Celles-ci découlent de l'utilisation du logiciel Labview et de son développement sous forme de prototype d'essai. La plus importante restriction du logiciel est la vitesse

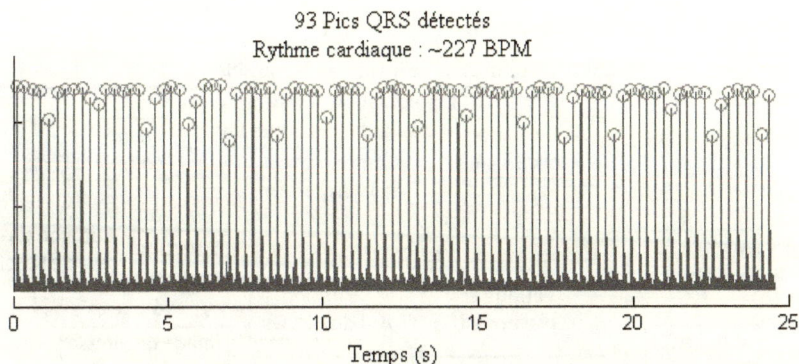

FIGURE 3.12 Détection de pics sur l'ECG et calcul de la fréquence cardiaque.

d'écriture limitée sur le disque dur. Malgré la haute vitesse de la caméra, il n'est pas possible d'acquérir les données de manière continue sur le disque dur pour une fréquence d'acquisition trop élevée. La vitesse optimale correspond à un temps d'acquisition de 65 µs par ligne de la caméra. Une autre limitation est le changement de type de rampe. Si l'initialisation du système est effectuée pour le balayage d'une ligne, il n'est pas possible de choisir un balayage 3D sans devoir arrêter le système.

Il serait intéressant de faire une réécriture du code afin d'éviter ces limitations. Ainsi, une réduction du nombre de fonctions obsolètes permettrait de diminuer la charge sur le processeur afin de pouvoir reconstruire des images plus rapidement. Également, une meilleure gestion de la mémoire de la carte d'acquisition est nécessaire afin de permettre un changement de type de rampe sans devoir arrêter le système. Pour ce qui est de la vitesse d'acquisition, l'ajout d'un second disque dur haute vitesse ou d'un «Solid State Drive» afin d'y enregistrer les données permettrait de faire l'acquisition plus rapidement.

## 3.3  Reconstruction d'images

Les calculs effectués pour la reconstruction d'images permettent de passer d'une acquisition de patrons d'interférence vers des images structurelles et de flux de l'échantillon. La figure 3.13 présente les étapes principales effectuées par le logiciel de reconstruction. Celui-ci manipule d'abord le signal d'interférence et lui applique la transformée de Fourier afin d'obtenir l'image complexe tel qu'expliqué à l'équation 2.34. De cette image est extrait la structure de l'échantillon. L'image Doppler est obtenue en appliquant l'autocorrélateur de Kasai. Finalement, les deux images sont placées dans des matrices en trois dimensions. Le processus est répété pour chaque image d'une acquisition.

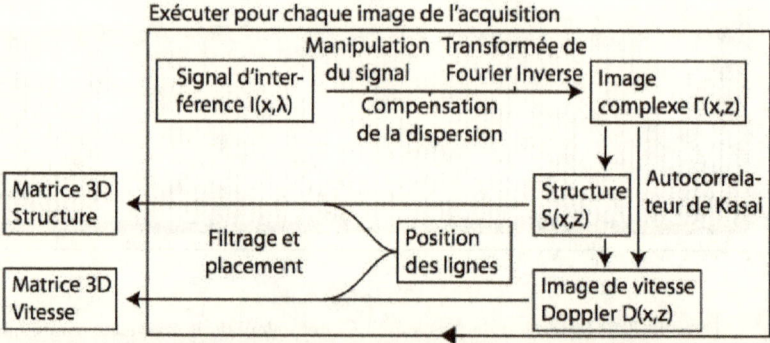

FIGURE 3.13 Étapes de reconstruction des données

### 3.3.1  Manipulation du signal

La manipulation du signal d'interférence brut consiste en l'application de l'équation 2.34. Quelques opérations supplémentaires sont toutefois ajoutées afin d'augmenter la qualité de l'image. La figure 3.14 présente la reconstruction du pic d'un miroir situé à une profondeur de 800 μm. Selon l'équation 2.23, la largeur à mi-hauteur de ce pic devrait être de 3.86 μm. L'application directe de la transformée de Fourier au signal brut d'interférence ne donne pas un pic clair (figure 3.14A). Après interpolation sur les nombres d'onde et soustraction du spectre de la source (figure 3.14B), on obtient une bien meilleure résolution. Cependant le pic présente une double bosse caractéristique qui provient de la forme de la source. Une division par cette forme permet d'éliminer cette bosse mais élargit et déforme le pic (figure 3.14C). L'application d'une fenêtre de Hanning au spectre permet d'obtenir un pic simple et bien résolu (figure 3.14D). L'application de la compensation de dispersion au second ordre permet d'améliorer significativement la résolution tel que décrit à la section suivante.

### 3.3.2  Compensation de la dispersion

La lumière du bras de référence et celle du bras d'échantillon traversent des distances différentes dans les milieux au sein desquels elles se propagent. Cette différence occasionne un décalage de dispersion entre les deux bras, ce qui nuit à la résolution du système. Tel qu'expliqué à la section 3.1.1, la première étape pour compenser la dispersion consiste en

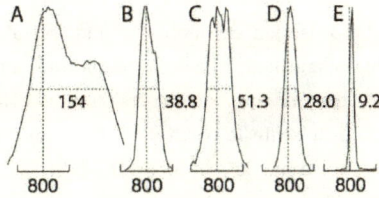

FIGURE 3.14 Largeur à mi-hauteur de l'image d'un miroir placé à une profondeur de 800 μm. Chaque courbe est obtenue par une transformée de Fourier suite à une étape différente de traitement. Toutes les courbes proviennent du même spectre d'interférence et sont normalisées. La barre à la base a une largeur de 100 μm et est centrée à 800 μm. Le chiffre sous la barre horizontale pointillée indique la largeur à mi-hauteur en μm. (A) Aucun traitement du spectre (B) Interpolation dans l'espace des $k$ et soustraction du spectre de la source. (C) Traitement B et division par le spectre de la source. (D) Traitement C et application d'une fenêtre de Hanning. (E) Traitement D et compensation de la dispersion avec $a_2 = 70 \cdot 10^{-12}$ m².

l'ajout de prismes dans le bras de référence. Il est toutefois possible de corriger davantage la dispersion de manière numérique. La méthode tirée de Wojtkowski *et al.* (2004) a été implémentée. Soit le signal d'interférence $\tilde{I}(\omega)$, obtenu suite à la soustraction et la division du spectre de référence. Ce patron peut être exprimé comme étant la partie réelle d'un signal complexe $\hat{S}(\omega)$. Une transformée de Hilbert $\mathcal{H}$ permet de générer celle-ci :

$$\hat{S}(\omega) = \mathcal{H}(\tilde{I}(\omega)) = |\hat{S}(\omega)| \exp(i\chi) \tag{3.4}$$

où $\chi$ est la phase du signal. Afin de compenser la dispersion, une correction de phase est calculée. L'expression de cette correction est :

$$\Delta\chi = -\sum_{n=2}^{N} a_n (\omega - \omega_0)^n \tag{3.5}$$

où $\omega_0$ est la fréquence angulaire centrale et $a_n$ le paramètre de compensation à l'ordre $n$. La correction permet d'obtenir un nouveau signal complexe :

$$\hat{S}'(\omega) = \hat{S}(\omega) \exp(i\Delta\chi) \tag{3.6}$$

Un nouveau patron d'interférence est alors extrait :

$$\tilde{I}'(\omega) = Re(\hat{S}'(\omega)) \tag{3.7}$$

L'objectif de cette compensation est d'obtenir une résolution la plus fine possible sur toutes les profondeurs de l'échantillon. Elle se fait en optimisant la valeur des paramètres $a_n$ où $n$ varie de l'ordre 2 à l'ordre maximal de dispersion désiré. Habituellement, l'ordre $N = 3$ est suffisant. La figure 3.15 présente le résultat de cette opération pour des miroirs situés à différentes profondeurs en variant le paramètre $a_2$. L'utilisation de ce paramètre permet de déplacer la position optimale du minimum de résolution et ainsi, par exemple, d'avoir la meilleure résolution au centre de l'échantillon. Un ordre supérieur permet d'améliorer davantage cette résolution.

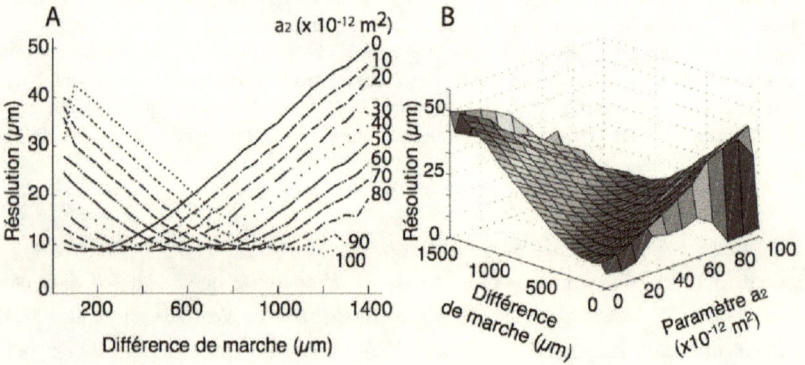

FIGURE 3.15 Effet de la compensation de la dispersion sur la résolution (largeur à mi-hauteur). Résolution de pics obtenus sur des miroirs à différentes profondeurs selon le paramètre de compensation $a_2$. A. Courbe pour chaque valeur du paramètre $a_2$. Plus $a_2$ augmente, plus le minimum de résolution se déplace vers des différences de marche élevée. Le minimum est à $\sim 9$ μm. B. Visualisation 3D du déplacement du minimum de résolution.

Pour des images prisent sous les mêmes conditions, les paramètres $a_n$ optimaux peuvent être trouvés qu'une seule fois sur des miroirs et appliqués à toute la série de donnée. Ceci n'étant pas le cas, une méthode d'optimisation des paramètres pour chaque acquisition a été développée. Cette méthode utilise le contraste de l'image comme critère pour l'optimisation.

### 3.3.3 Images

Deux images sont tirées du signal complexe $\Gamma(x, z)$. La première image structurelle est obtenue par la norme du signal complexe. La structure est exprimée en terme de décibels au-dessus du niveau de bruit. L'image de vitesse est calculée à partir de l'application de l'autocorrélateur de Kasai. L'image de vitesse est multipliée par un masque de validité. Ce masque correspond à la partie de l'image où la structure dépasse un certain seuil (en dB). Ainsi, aux endroits où il n'y a pas de structure, la vitesse devient zéro.

### 3.3.4 Position des images

Une fois reconstruite, chaque image est placée dans une matrice tridimensionnelle finale. Pour l'acquisition d'un volume cette matrice a des dimensions $X - Y - Z$. Un cas spécial de matrice tridimensionnelle est appliqué lors d'acquisition sur une seule tranche. Ici, les dimensions de la matrice sont $X - Z - t$ où $t$ est le temps dans le cycle cardiaque. Le temps de chaque ligne est déterminé à partir de la détection de pics sur l'ECG.

### 3.3.5 Logiciel de reconstruction

Un logiciel de reconstruction programmé en Matlab se charge d'implémenter la reconstruction d'images tel qu'expliqué. Ce logiciel charge les fichiers binaire (.*bin*) générés par le logiciel Labview. Il génère ensuite des fichiers .*mat* qui contiennent les caractéristiques de l'acquisition et des fichier .*dat* qui contiennent les données brutes. Une fonction principale nommée *main_reconstruction.*m permet de faire la reconstruction des données brutes d'une acquisition vers les matrice tri-dimensionnelles de sortie. Chaque matrice est écrite dans un fichier unique.

Le contrôle des propriétés de l'acquisition et de la reconstruction se fait par l'entremise de structures sauvegardées dans le fichier .*mat*. La première structure *acqui_info* garde toutes les informations d'acquisition telles que : le type de balayage, les dimensions de la zone balayée, la date de l'acquisition, le spectre de la source, etc. La seconde structure *recons_info* garde les informations de reconstruction telles que : la taille des filtres, la taille de la zone de moyennage pour l'autocorrélateur de Kasai, la position des lignes dans les matrices 3D, etc.

## 3.4 Types d'acquisitions et analyses de données

Plusieurs types d'acquisitions ont étés définies et utilisées sur les fantômes et animaux. Chaque protocole permet d'obtenir un résultat différent.

### 3.4.1 Acquisition de volume et calcul de débit

Un premier protocole d'acquisition consiste en l'acquisition d'un volume. Ce protocole permet de calculer le flux qui traverse un tube de manière quantitative. Les paramètres de ce protocole sont flexibles. De manière habituelle, un volume est pris sur une surface ayant des dimensions de 800 µm par 800 µm. Un volume est composé de 400 tranches étalées sur l'axe Y. Chaque tranche est composée de 840 lignes selon l'axe des X et correspond à une image. L'acquisition d'un volume prend $\sim 20\,$s. Pour une acquisition, le même volume est acquis dix fois. La direction de balayage de l'axe rapide est inversée à chaque volume. Cette inversion permet d'éliminer les effets Doppler qui proviennent du balayage.

Une fois le volume reconstruit, le flux peut être calculé à partir des données Doppler. La technique présentée par Srinivasan *et al.* (2010b) est utilisée.

### 3.4.2   Acquisition de tranches pour la mesure des changements cardiaques

Un second protocole d'acquisition consiste à balayer une même tranche de manière répétitive. Sur un fantôme, il est possible de moyenner toutes les tranches et ainsi d'obtenir une image ayant un bruit minime. Lors de l'acquisition sur un animal, le signal ECG est enregistré de pair avec l'acquisition des tranches. Il devient donc possible d'utiliser l'information cardiaque afin de reconstruire l'évolution de la tranche sur un cycle cardiaque. La figure 3.16 présente la détection des pics du complexe QRS dans un signal ECG.

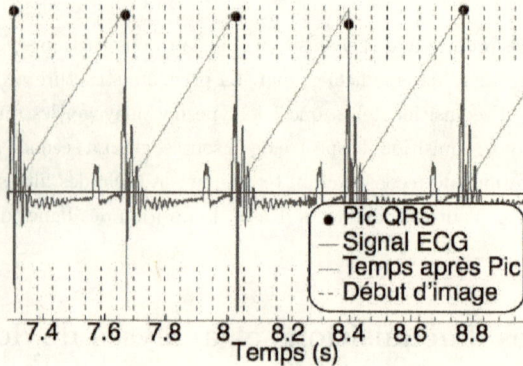

FIGURE 3.16 Détection de pics QRS sur le signal ECG. À chaque image, 840 points sont balayés. À chacun de ces points, une valeur de temps après le pic est assignée. On retrouve dans cet exemple environ huit images dans un cycle cardiaque.

Avec le profil cardiaque d'un vaisseau, il est possible de mesurer les changements de vitesse de flux et de diamètre dans ce vaisseau.

La valeur de temps assignée à chaque ligne correspond au temps qui s'est écoulé après le pic QRS. Il est également possible d'assigner une valeur de phase dans la période entre deux pics QRS successifs. Pour un animal ayant un rythme cardiaque constant ces deux techniques s'équivalent mais si il y a changement de la longueur du cycle cardiaque la première technique est préférable.

### 3.4.3 Angiographies

Un troisième protocole est utilisé afin d'obtenir des images en haute résolution de la CMV. Ce protocole produit des volumes tridimensionnels ayant les mêmes dimensions que le premier protocole. Toutefois, la vitesse de balayage sur l'échantillon est énormément réduite et il y a suréchantillonage. Ainsi, un volume d'angiographie est composé de 400 tranches contenant chacune 32 760 lignes. Le temps que prend une telle acquisition est de 16 minutes avec les paramètres habituels.

## 3.5 Manipulations animales

Une préparation animale était nécessaire afin de pouvoir procéder à l'imagerie sous OCT. L'animal était d'abord mis sous anesthésie. L'uréthane utilisée permet de garder un état stable pendant près de trois heures ce qui suffit à l'imagerie. Une trachéotomie était ensuite pratiquée afin d'assurer une bonne ventilation de l'animal. Le crâne était ensuite fixé solidement dans le stage stéréotaxique et une ouverture de la peau était pratiquée. La figure 3.17 présente la forme de l'ouverture qui donne accès au complexe somatosensoriel. L'animal pouvait alors être posé sous le bras d'échantillon. Un tapis chauffant était utilisé afin de maintenir la température de l'animal. Deux types de souris ont été utilisées. Le premier est un groupe développant spontanément des plaques d'athérosclérose (ATX). Le second est un groupe de souris normales (Wild Type, WT).

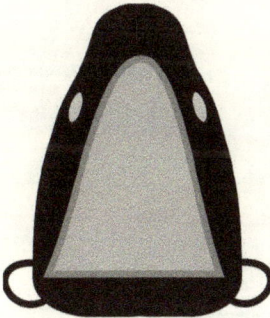

FIGURE 3.17 Accès au complexe somatosensoriel sur une souris

# Chapitre 4

# VALIDATION DU SYSTÈME

La validation du système s'est faite à l'aide de différentes mesures prises sur fantôme et sur animal. L'objectif de cette validation est de connaître les capacités du système afin de pouvoir le comparer à d'autres.

## 4.1 Résolution axiale

La résolution axiale théorique du système est de 5.14 μm dans l'air et de 3.86 μm dans les tissus (pour un indice de réfraction de 1.33). Afin de mesurer la résolution axiale réelle du système, il faut utiliser un miroir comme échantillon. Un miroir ne produit qu'une seule réflexion à un endroit précis ; il n'y ainsi a que cette lumière qui produit une interférence. Lorsque reconstruite, l'image d'un miroir donne la résolution axiale.

Afin de faire cette mesure, le système doit être dans le meilleur alignement possible :

- La caméra du spectromètre doit être précisément placée sur la ligne focale ;
- La longueur du bras de référence et du bras d'échantillon doit être ajustée et la quantité de verre dans chacun d'eux doit être la même ;
- Les contrôleurs de polarisation doivent permettre d'avoir un patron d'interférence avec le meilleur contraste possible ;
- L'intensité des deux bras doit être égale. Le signal doit être maximal sans saturer la caméra ;
- Aucune réflexion parasite ne doit provenir de n'importe où dans le trajet optique.

Lors d'acquisitions sur le logiciel Labview, la meilleure résolution axiale obtenue était de l'ordre de 7 μm. Toutefois, cette résolution n'était valide qu'à une seule position puisque dès que le miroir était déplacé en profondeur, la résolution était perdue à cause de l'effet de dispersion. Après application de la compensation de dispersion au deuxième et troisième ordre, la résolution axiale obtenue était de l'ordre de 9 μm sur une profondeur d'environ 500 μm. Cette résolution n'est pas aussi grande que la résolution théorique, cependant elle est suffisante pour l'application de l'OCT à l'imagerie de la CMV.

52

## 4.2   Profondeur de pénétration et sensibilité

La lumière infra-rouge utilisée en OCT se trouve à être diffusée et absorbée par les tissus. Ce phénomène limite la profondeur de l'échantillon sur laquelle l'image OCT est produite, il s'agit de la profondeur de pénétration. La profondeur de pénétration dépend de l'intensité de la lumière sur l'échantillon, de sa longueur d'onde ainsi que de la sensibilité du spectromètre. Avec un alignement idéal, la profondeur de pénétration atteinte par le système sur un fantôme optique était de 1000 µm.

La profondeur de pénétration sur un animal était toutefois moins élevée. Les structures les plus profondes atteintes à partir de la surface du crâne se trouvaient à 600 µm. Cette profondeur est suffisante pour l'imagerie de la microvasculature. Le crâne d'une souris a une épaisseur de 100 à 200 µm et les vaisseaux d'intérêt se trouvent tout juste au-dessous du crâne. La figure 4.1 présente la moyenne d'une série de 400 tranches prises sur un animal. On y voit que la structure est discernable jusqu'à une profondeur d'environ 600 µm. Un vaisseau se trouve tout juste sous le crâne qui a une épaisseur d'environ 100 µm. La structure sous ce vaisseau est floue.

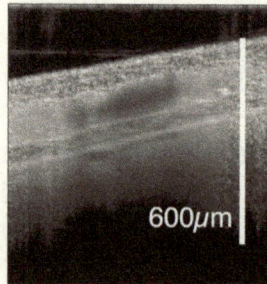

FIGURE 4.1 Tranche d'une image prise sur un animal. La structure est en gris et le flux en couleur. La profondeur maximale à laquelle on peut discerner la structure est de 600 µm. La présence du vaisseau rend floue la structure sous celui-ci.

La sensibilité du système est définie par le minimum d'intensité lumineuse détectable provenant de l'échantillon. Un miroir est placé comme échantillon et le système est aligné de manière à avoir le plus de lumière réfléchie qui retourne dans la fibre optique. Cette intensité lumineuse sature le détecteur. On procède ensuite à ajouter des filtres à densité neutre dans le bras d'échantillon afin de réduire l'intensité du faisceau. À chaque ajout d'un filtre, on compense la dispersion que son épaisseur cause et on ajuste l'intensité du bras de référence afin d'avoir un signal d'interférence et une image reconstruite. On continue ainsi jusqu'à ne plus être capable de distinguer l'échantillon. La sensibilité du système correspond à deux fois la valeur des filtres à densité neutre utilisés puisque le faisceau traverse ces filtres deux fois dans le bras d'échantillon. La valeur obtenue est de 106 dB pour un temps d'acquisition de la caméra de 65 µs.

Le gamme dynamique du système se définit comme le ratio de la valeur la plus faible à la valeur la plus élevée détectable simultanément par le système. Pour l'obtenir, le même montage que précédemment est utilisé. Il suffit de déterminer la valeur d'atténuation nécessaire afin de ne plus avoir de saturation sur la caméra et d'ainsi obtenir une image reconstruite claire. Cette situation s'est produite à une atténuation de 30 dB, la gamme dynamique est donc de 76 dB.

## 4.3 Précision du flux

La précision de la mesure de flux du système a été vérifiée à l'aide d'un test qui consistait à utiliser une pompe à seringue afin d'imposer un flux précis à l'intérieur d'un capillaire de 210 µm de diamètre. La figure 4.2 présente les projections d'un volume obtenu à un flux de 5 µL/min ou 83.3 nL/s. Le tableau 4.3 présente le résultat de ce test. On y voit que l'erreur sur la mesure de flux a un minimum pour une valeur de 50 nL/s.

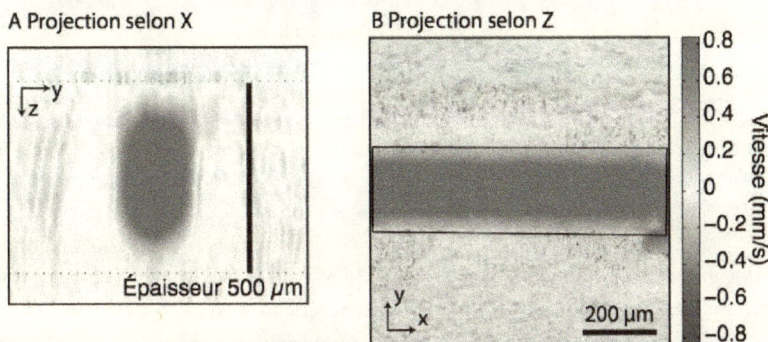

FIGURE 4.2 Flux dans le fantôme de test A. Projection selon l'axe X, le fantôme de 200 µm de diamètre est incliné vers le bas et couvre une épaisseur de 500 µm. B. Vue de haut, c'est à travers la région sélectionnée que le flux est calculé. La couleur indique la vitesse maximale sur la ligne.

L'erreur de mesure sur les flux les plus bas provient du filtre passe-haut utilisé pour l'implémentation de l'autocorrélateur de Kasai. En effet, Srinivasan *et al.* (2010b) rapporte

TABLEAU 4.1 Précision de la mesure de flux dans un capillaire

| Flux imposé (nL/s) | Flux mesuré (nL/s) | Erreur (%) |
|---|---|---|
| 8.3 | 11.6 | 39 |
| 16.7 | 20.8 | 25 |
| 33.3 | 31.5 | -5 |
| 50 | 48.1 | -4 |
| 66.7 | 57.7 | -13 |
| 83.3 | 74.7 | -10 |
| 100 | 83.3 | -16 |
| 166.7 | 116.9 | -30 |

que l'utilisation d'un filtre cause un décalage des basses fréquences Doppler associé à une vitesse faible. La figure 4.3 résume cet effet tel que présenté dans l'article.

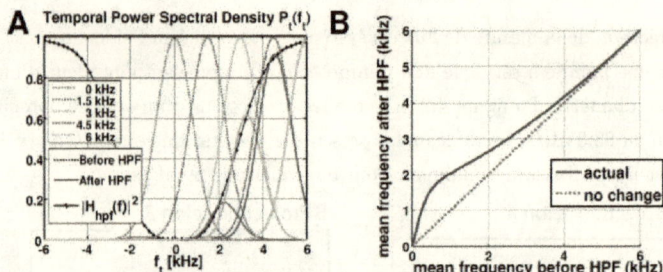

FIGURE 4.3 Décalage des fréquences Doppler lors de l'utilisation d'un filtre passe-haut avant l'autocorrélateur de Kasai. A. Effet du filtre sur différentes fréquences Doppler. B. Fréquence Doppler mesurée (ligne bleu) par rapport à la véritable fréquence (ligne rouge). Tiré de Srinivasan *et al.* (2010b)

Une limitation de la mesure Doppler en FD-OCT est le repliement des fréquences lorsque la vitesse est trop élevée. Avec un temps d'acquisition de 65 μs, cet effet est apparu pour des vitesses supérieures à 3.3 mm/s. Dans la caractérisation sur fantôme, les flux supérieurs à 70 nL/s ont présentés un tel repliement. Une méthode de correction de cet effet a été implémentée ce qui a permis de garder toutes les acquisitions qui en souffraient.

## 4.4 Résultats «in-vivo»

Le système a été utilisé afin d'obtenir des images de CMV sur des souris. La figure 4.4 présente deux artères mesurées in-vivo. Ces artères ont d'abord été identifiées à l'aide d'une caméra visible puis deux protocoles de balayage ont été effectués. Le premier protocole était celui d'une acquisition de volume et le second celui d'une acquisition de tranche. Ce dernier protocole a été appliqué selon la direction X et la direction Y. La taille minimale d'un vaisseau mesuré était de 30 μm sur une acquisition de volume. La figure 4.5 présente une perspective tridimensionnelle du flux dans un volume tel qu'acquis par le système.

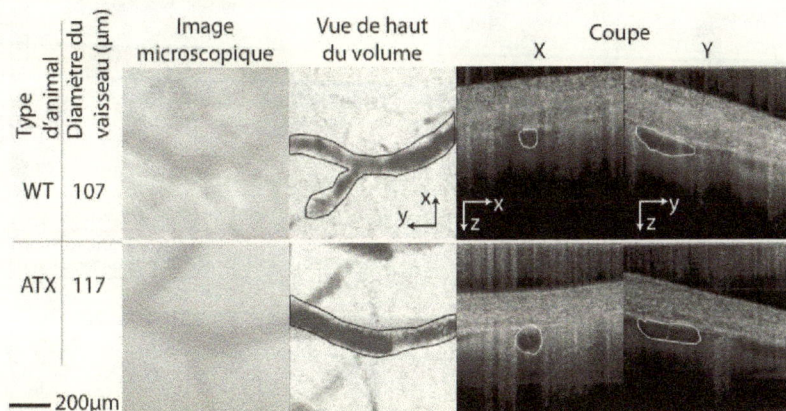

FIGURE 4.4 Résultats de flux in-vivo. Deux vaisseaux sanguins auxquels ont étés appliqués les protocoles d'acquisition. L'image microscopique provient de la caméra visible. La vue de haut est obtenue par une projection du maximum dans le volume. Les deux coupes présentent la structure en tons de gris et le flux en couleur. La barre noire indique l'échelle.

FIGURE 4.5 Perspective tridimensionnelle du flux dans un volume pris d'une souris WT. La taille de la zone de balayage est de 800 μm par 800 μm, la profondeur présentée est d'environ 200 μm. En bleu : le flux qui descend, en rouge : le flux qui monte.

La reconstruction du cycle cardiaque a permis d'obtenir le changement de vitesse du sang et d'aire sur cette période. Un exemple de résultat obtenu est présenté à la figure 4.6. Après filtrage, un minimum de flux était identifiable. Ce minimum était utilisé comme niveau de base afin de mesurer le changement de vitesse et le changement d'aire du vaisseau. Les vaisseaux ne présentant pas un profil pulsatil clair était rejetés car ils correspondaient à des veines.

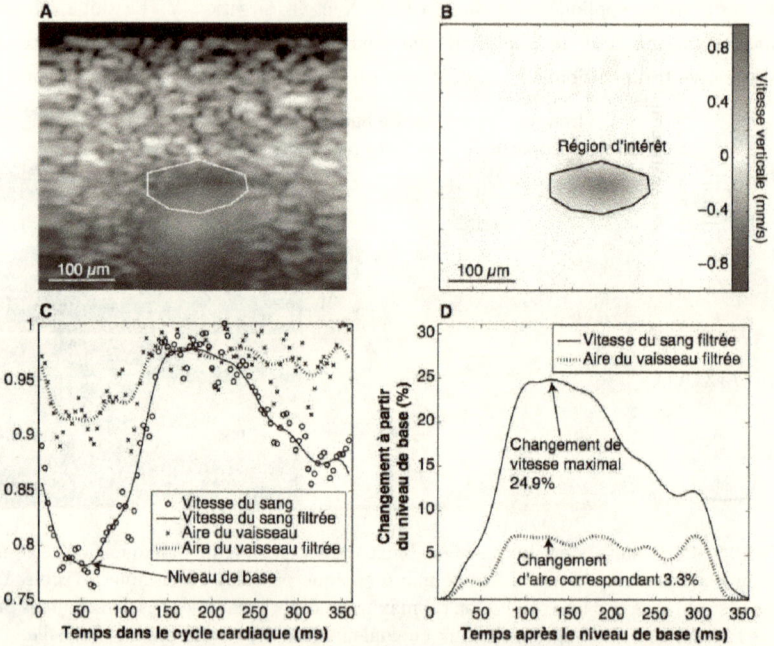

FIGURE 4.6 Reconstruction d'un cycle cardiaque sur une artère ayant ~ 200 μm de diamètre. A. Image structurelle. B. Image de flux. La région d'intérêt est l'endroit où la vitesse est mesurée. C. Vitesse du sang dans la région d'intérêt et aire qu'occupe le vaisseau selon le temps dans le cycle cardiaque. Le point où la vitesse est minimale est appelé le niveau de base. D. Changements de la vitesse dans le vaisseau et de l'aire de celui-ci par rapport à leurs valeurs au niveau de base.

Le troisième protocole de balayage utilisé consistait en l'acquisition lente de données haute résolution afin de pouvoir reconstruire des images précises du réseau de capillaires. Des exemples de données obtenues par ce protocole sont présentées au chapitre suivant. Bien que des vaisseaux ayant un diamètre aussi faible que 10 μm étaient détectables, les images obtenues ne permettaient pas de voir les détails de ce réseau qui alimente le cerveau.

De manière générale les résultats obtenus lors de la validation du système sont suffisants pour l'utilisation visée soit l'étude de la compliance. Bien que la résolution, la profondeur de pénétration et la plage dynamique ne sont pas aussi élevés que souhaité, les images de la

CMV produites sont amplement suffisantes afin d'obtenir des mesures de flux et de pulsatilité sanguine. La limitation majeure encourue est la difficulté à obtenir des images complètes du réseau de capillaires. Cette information est complémentaire et n'empêche pas l'objectif visé par le système.

58

# Chapitre 5

# Mesure de la compliance microvasculaire cérébrale dans un modèle d'athérosclérose avec la tomographie par cohérence optique

## 5.1   Présentation de l'article

L'article présenté dans ce chapitre propose la caractérisation de la compliance sur deux groupes d'animaux soit un groupe ATX et un autre WT. Une publication récente par Bolduc *et al.* (2011) montre que la compliance des artères de résistance à la base du cerveau augmente chez les animaux ATX par rapport aux animaux WT. La corroboration de ce résultat était l'objectif recherché dans cet article. Pour ce faire, un groupe de six souris ATX et de six souris WT a été soumis à un protocole de mesure de la compliance par OCT. Pour chaque souris, plusieurs artères ont étés identifiées et mesurées.

Les résultats obtenus sur ces artères ont ensuite été interprétés à l'aide d'une simulation. Celle-ci consiste en l'utilisation d'un réseau vasculaire anatomique où une artériole principale est divisée à plusieurs niveaux jusqu'à l'obtention d'un réseau de capillaire. Ce réseau est ensuite convergé vers une seule veinule de sortie. En posant les diamètre pour chaque niveau de vaisseaux, il est possible de calculer la résistance du système et ainsi pouvoir étudier le flux dans celui-ci. Ce modèle incorpore également un paramètre de compliance pour chaque vaisseau.

L'interprétation des données «in-vivo» a été faite en simulant l'effet d'un changement de compliance à différents niveaux. La situation correspondant le mieux aux données obtenus sur les animaux était celle d'une élévation de la compliance des grandes artères chez le groupe ATX. Un modèle d'évaluation de la compliance basé uniquement sur l'utilisation de données OCT a également été développé. Toutefois ce dernier a montré des limitations dans sa sensibilité au bruit.

L'article a été soumis au journal «Biomedical Optics Express» en date du 5 août 2011.

## 5.2 Measurement of Cerebral Microvascular Compliance in a Model of Atherosclerosis with Optical Coherence Tomography

E. Baraghis[1], V. Bolduc[2], J. Lefebvre[1], V.J. Srinivasan[3], C. Boudoux, E. Thorin[2] and F. Lesage[1,2].
OCIS codes : (110.4500) Optical coherence tomography.

### 5.2.1 Abstract

Optical Coherence Tomography (OCT) has recently been used to produce 3D angiography of microvasculature and blood flow maps of large vessels in the rodent brain in-vivo. However, use of this optical method for the study of cerebrovascular disease has not been fully explored. Recent developments in neurodegenerative diseases has linked common cardiovascular risk factors to neurodegenerative risk factors hinting at a vascular hypothesis for the development of the latter. Tools for studying cerebral blood flow and the myogenic tone of cerebral vasculature have thus far been either highly invasive or required ex-vivo preparations therefore not preserving the delicate in-vivo conditions. We propose a novel technique for reconstructing the flow profile over a single cardiac cycle in order to evaluate flow pulsatility and vessel compliance. A vascular model is used to simulate changes in vascular compliance and interpret OCT results. Comparison between atherosclerotic and wild type mice show increased compliance in the smaller arterioles of the brain (diameter $< 80 \mu m$) in the disease model. These results are coherent with previously published ex-vivo work confirming the ability of OCT to investigate vascular dysfunction.

### 5.2.2 Introduction

Aging, hypertension and Alzheimer's disease (AD) are major determinants of cognitive impairment. Moreover, risk factors for AD and other neurodegenerative diseases are strongly correlated to cardiovascular risk factors leading to increased interest in studying the impact of cardiovascular disease on brain vasculature de la Torre (2004); Hebert et al. (2003); Iadecola (2004); Helzner et al. (2009). Evidence is emerging that vascular dysfunction is an early

1. École Polytechnique de Montréal, 2500 Chemin de Polytechnique, Montréal, Qc, H3C 3A7, Canada
2. Research Center, Montreal Heart Institute, 5000 Bélanger Est, Montréal, Qc, H3T 1J4, Canada.
3. Optics Division, MGH/MIT/HMS Athinoula A. Martinos Center for Biomedical Imaging, Massachusetts General Hospital/Harvard Medical School, Charlestown, MA 02129, USA

biomarker of ensuing neuronal dysfunction but the link between vascular dysfunction and neuronal deficits remain difficult to study in vivo. The development of new tools to assess vascular health in vivo are necessary to bridge the gap between ex-vivo studies and in vivo function.

In animals, the emergence of new optical imaging techniques has provided unprecedented access to vascular anatomy and tissue perfusion Fang *et al.* (2008). Two-Photon microscopy (TPM) using labelled markers allows high resolution imaging of vascular networks. Recent work with this technique has showed the measurement of blood flow and longitudinal studies of vascular network remodelling after stroke Schaffer *et al.* (2006); Murphy *et al.* (2008). However, TPM of the neuro-vascular network is highly invasive as it requires the use of labelled markers and a cranial window. The preparation of the cranial window leads to temporary loss of intra-cranial pressure which may be detrimental to the measurement of vascular function.

Optical Coherence Tomography (OCT) offers an interesting solution to study vascular health as it has recently been used to produce 3D angiography of cerebral microvasculature (CMV) in the rodent brain in-vivo and blood flow maps of large vessels. Many groups have developed techniques for producing angiography images of the CMVWang *et al.* (2007); Vakoc *et al.* (2009); Srinivasan *et al.* (2010a); Jia *et al.* (2010). These techniques can be used to decipher flow in small vessels down to $10\mu$m diameter. With reduced oversampling, blood flow in larger vessels can be measured with good temporal resolution opening the door for functional studies Srinivasan *et al.* (2010b).

The genetically altered (LDLR-/- hApoB+/+) mice which spontaneously develop atherosclerotic plaques can be used as a model of CMV dysfunction. In the main carotid arteries, atherosclerosis is known to cause a decrease of compliance van Popele *et al.* (2001). However, recent evidence show that this effect is reversed in resistance arteries due to a possible compensatory reaction Bolduc *et al.* (2011). The aim of this study was to verify whether OCT can be used to corroborate these effects in vivo.

In this work we develop a technique to gate OCT Doppler acquisitions and reconstruct the blood flow profile across a single ECG cycle in arterioles. We then use this gating technique to compare the changes of blood flow and vessel diameter across a cycle in wildtype (WT) and atherosclerotic (ATX) mice, the latter expected to exhibit changes in vascular function. Our results are then analyzed using a simple model to derive an estimate of vascular compliance and interpreted using a recently developed vascular anatomical network model. Compliance estimations from OCT data were derived but displayed lower SNR than pulsatility measures. We confirm that Doppler OCT has enough sensitivity to quantify blood flow changes across a cardiac cycle and show that these changes are distinct between mice groups and vessel diameters.

## 5.2.3 Materials and methods

### Animals and preparation

The procedures and protocols were performed in accordance with our institutional guidelines and the Guide for the Care and Use of Laboratory Animals of Canada. Animals were kept under standard conditions (24C; 12 :12hr light/dark cycle). We used 6 month-old (m/o) C57Bl/6 male mice (WT, bodyweight of $34.8 \pm 4.2g$, n = 6; Charles River Laboratories, St-Constant, QC, Canada) and atherosclerotic mice (ATX, bodyweight of $34.3 \pm 6.3g$ , n = 6); the latter are knockout mice for the LDL receptor but express the human apolipoprotein B-100 gene (LDLR-/- hApoB+/+). The founders of the colony of ATX mice were generously provided by Dr Hobbs (University of Texas Southwestern, Dallas, TX). All mice were fed with a normal standard diet (Harlan Laboratories, Tecklad 2014S, Montreal, QC, Canada) since ATX mice develop spontaneous atherosclerotic lesions.

For imaging, the mice were anesthetized with 10% w/v urethane in PBS ($200\mu L/10g$) and placed in a stereotaxic stage (Harvard Apparatus) with a heating pad to maintain body temperature. Animal temperature and heart rate were monitored throughout the experiment to ensure proper anaesthesia. Skin was removed from the top of the head and imaging was performed directly through the parietal bone over the somatosensory cortex.

### Quantification of basal CBF

Imaging was performed using a frequency domain Doppler Optical Coherence Tomography (OCT) System. The system is based on an infrared Super Light Emitting Diode (Exalos EXS8710-2411, Langhorne, PA) with a center wavelength of 870 nm, a spectral width of 65 nm and a typical output power of 5mW providing 2.5mW of power on the sample. This light source yields a theoretical axial resolution of $5\mu m$. A custom built spectrometer was used as the detector with a high-speed 2048 pixel line camera (Basler Sprint spL2048 -140k, Exton, PA). The maximum acquisition speed of the camera was 67k A-lines per second but hard drive writing limited acquisition to 15k A-lines per sec. At this acquisition rate the maximum detectable Doppler blood flow speed without phase wrapping was 3 mm/s but could be increased with phase unwrapping. The depth of field was approximately 1.5mm in air. Light was collimated from the fiber using dual 16mm achromats with 2mm spacing. Scanning on the sample was performed using a dual galvanometer system (Thorlabs, Newton, NJ) imaged using a telescope ($f_1 = 75mm$ and $f_2 = 150mm$) on the back aperture of a 10X (Olympus UMPLFLN 10XW, Markham, Ontario) infinity corrected objective yielding a lateral resolution of $10\mu m$. Fig. 5.1 shows a schematics of the system. Two stages allow positioning of the light on the rotation axis of the galvanometer mirrors to eliminate Doppler shifts created by scanning. This was optimized to reduce Doppler shifts when scanning the fast galvanometer which corresponds to the X direction.

Prior to the in vivo studies, the system was validated for its ability to quantify blood flow in phantoms reproducing absorption and scattering properties of brain tissues in which small capillary tubes were inserted to model small vessels. Doppler flow measurements were consistent with flows generated by a syringe pump over the range 10 to 150 nL/s. The measured sensitivity of the system was 106dB with a dynamic range of 76dB.

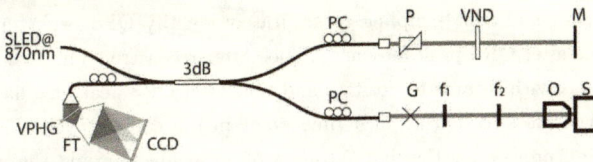

FIGURE 5.1 Schematic of OCT system design, SLED : Super Luminescent Diode, PC : Polarization controllers, P : Dispersion compension prisms, VND : Variable Neutral Density Filter, M : Reference Mirror, G : Dual galvanometer scanners, f : sample arm telescope lenses, O : Objective, S : Sample, VPHG : Volume Phase Holographic grating, FT : F-Theta Lens, CCD : CCD Line Camera.

Image reconstruction was done in Matlab. Spectral shaping of the interference signal using a Hanning window was used to eliminate side lobes in the final image at the expense of broadening axial resolution to $\sim 7\mu m$. Automatic dispersion compensation to the second and third order dispersion imbalance was implemented according to the procedure described in Wojtkowski et al. (2004). The optimization criteria was set to increase image contrast by maximizing the structural image derivative. Optimization was done on the first frame of each acquisition to obtain the dispersion coefficients which were then applied to the rest of the acquisition. Reconstruction of flow speed is based on a moving-scatterer-sensitive reconstruction technique adapted from Srinivasan et al. (2010b); Ren et al. (2006) which uses the Kasai Autocorrelator Kasai et al. (1985). A digital filter is used to remove the stationary scattering components from the OCT image.

Series of volume acquisitions were done on each mouse with scan dimensions of $800\mu m$ by $800\mu m$. Arteries were found directly between the skull and the surface of the brain. Light penetration enabled imaging of structures as deep as $500\mu m$. According to the procedure outlined in Srinivasan et al. (2010b), quantitative blood flow ($nL/sec$) was calculated in each mouse on plunging arteries found in each 3D volume data set. An average of 5 distinct arteries were measured per animal. Vessel diameter was estimated as the smallest cross section of the vessel crossing the horizontal imaging plane. Diameters obtained ranged from 50 to 160 $\mu m$. Blood flow was then estimated by integrating speed over a region of interest ($nL/sec/mm^2$).

## ECG coregistered OCT acquisition

For each main artery imaged on the animals, two perpendicular single slice scans were performed. These slices had dimensions of $800\mu m$ (X or Y axis) by $\sim 1.7mm$ (Z axis) and were scanned 400 times at a rate of $\sim 16Hz$ (one slice each $945x65\mu s$). For each A-line acquired, an ECG signal was coregistered yielding an ECG acquisition rate of $> 15kHz$ therefore giving sufficient sampling to accurately identify QRS peaks in the signal and a value of time after QRS peak for each A-line. After reconstruction, each A-line was placed in a 3D matrix with regards to position and time after QRS peak enabling a reconstruction of the arterial cross-section at each time point in the cardiac cycle. Fig. 5.2 depicts the reconstruction process for the first 7 frames of an acquisition and the placement of their A-lines in the 3D matrix.

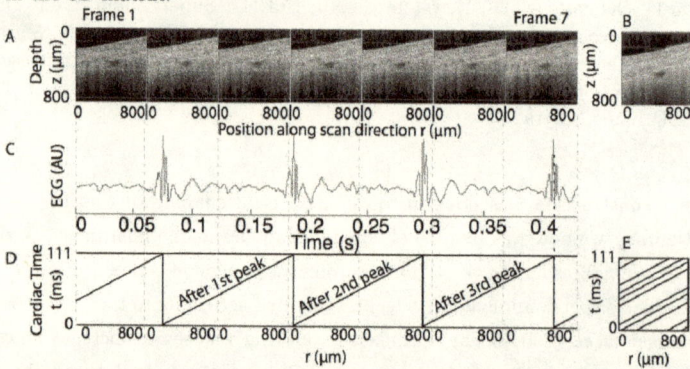

FIGURE 5.2 Reconstruction of the Cardiac Profile of an artery on a WT mouse. A : The first 7 reconstructed frames over the same line. B : Average of all 400 frames showing blood vessel underneath the cranium. Decorrelation causes blurring underneath the main blood vessel and reveal the position of other smaller vessels in the frame. C : The corresponding ECG signal from these frames. D : The time after ECG peak is used to place each A-line of a frame in a 3D matrix by using it's position and time value. E : Superimposition of the 7 frames in the reconstructed matrix, with 400 frames and with proper desynchronized condition, the matrix is filled.

Each arterial cross section was identified and a value of blood speed at each cardiac cycle time point was obtained by the sum of the Doppler vertical speeds in a Region of Interest

(ROI). Arterial cross section area for each time point was evaluated using a threshold of 10% above the maximum speed value in a data set.

**Compliance evaluation**

A simple tube geometry was used to derive an expression for a compliance estimator where all necessary data can be obtained from OCT measurements. The tube is defined by a radius $r$ and a length $L$ in which a flow $\Phi$ is flowing. The pressure gradient between the edges of the tube is denoted $\delta P$. The flow is given by the Hagen-Poiseuille (Eq.( 5.1)) where $\eta$ is the fluid viscosity.

$$\delta P = \Phi \frac{8\eta L}{\pi r^4} \tag{5.1}$$

At steady state, the arterial tree can be estimated as a resistive network with fixed vessel diameters determining flow resistance. In this steady-state network, the pressure in each artery is a fraction of the main aortic pressure. The combined effect of compliance of all vessels $C$, is to add a non-linearity $\mathcal{A}(C)$ under pressure changes. At steady-state, the local arteriolar pressure $P^A$ can be expressed as proportional to the systemic pressure $P$.

$$P \propto P^A \tag{5.2}$$

Likewise, at steady-state, the pressure gradient between the edges of a vessel can be expressed as proportional to the systemic pressure. Thus, both the pressure gradient and the local arteriolar pressure are proportional to the systemic pressure and therefore to each other. A parameter $\alpha$ can be defined to establish the proportionality between these two values. This parameter is different for each arteriole at a particular position in the vascular network. Similar arterioles will have similar $\alpha$ values.

$$\delta P = \alpha P^A \tag{5.3}$$

Equating Eq.(5.1) and Eq.(5.3) gives a link between the pressure inside an artery and the flow of blood within it at steady-state.

$$\alpha P^A = \Phi \frac{8\eta L}{\pi r^4} \tag{5.4}$$

Compliance, is the change in vessel volume, $\Delta V$, for a certain change in arterial pressure, $\Delta P^A$. Inherent physiological change of these values is between systolic peak and diastolic valley of systemic pressure which are noted respectively $s$ and $d$. Define the systole to be the steady-state. Then at the diastole, the relations above will hold up to a small correction from the non-linearities introduced by systemic compliance contributions :

$$\alpha P^A + \mathcal{A}(C^I) = \Phi \frac{8\eta L}{\pi r^4} \tag{5.5}$$

where $\mathcal{A}(C^I)$ is assumed to be a small change to the relations above (Eq.(5.1) and Eq.(5.3)) due to non-linearities attributed to the integrated compliance for the network $C^I$. To first order, neglecting $\mathcal{A}(C^I)$, the local compliance can be estimated by

$$C = \Delta V / \Delta P^A = \frac{V_s - V_d}{P_s^A - P_d^A} \tag{5.6}$$

Replacing the expressions for volume and local pressure into Eq.(5.6), the compliance dependant terms are eliminated.

$$C = \frac{A_s - A_d}{(\Phi_s/A_s^2 - \Phi_d/A_d^2)} \frac{\alpha \pi}{8\eta} \tag{5.7}$$

where $A$ is the vessel cross-sectional area. Define the change from the diastole to the systole of the vessel cross-section by $\delta_A = A_s/A_d$, the blood flow change by $\delta_\Phi = \Phi_s/\Phi_d$. The average blood speed in a vessel $\bar{v}$ is related to the flow and area by $\Phi = A\bar{v}$, therefore a change in blood speed is $\delta_{\bar{v}} = \delta_\Phi/\delta_A$. Replacing these expressions in Eq.(5.7) yields

$$C\frac{8\pi}{\alpha} = \frac{1}{\eta} \frac{\delta_A A_d - A_d}{(\delta_\Phi \Phi_s/(\delta_A^2 A_d^2)) - \Phi_d/A_d^2} = \frac{1}{\eta} \frac{A_d^3(\delta_A - 1)}{\Phi_d(\delta_\Phi/\delta_A^2 - 1)} \tag{5.8}$$

$$\hat{C} = \frac{A_d^3}{\Phi_d \eta} \frac{\delta_A^2(\delta_A - 1)}{(\delta_\Phi - \delta_A^2)} = \frac{A_d^3}{\Phi_d \eta} \frac{\delta_A(\delta_A - 1)}{\delta_{\bar{v}} - \delta_A} \tag{5.9}$$

In this last equation, $\hat{C}$ is a local compliance evaluator that can be obtained with the vessel area and blood flow at the diastole ($A_d$ and $\Phi_d$) and the change in blood flow and vessel diameter between the diastole and the systole ($\delta_\Phi$ and $\delta_A$). The second expression uses the change in average blood speed instead of the change in flow. Blood viscosity, $\eta$, is calculated for each vessel as it is dependent on vessel diameter and hematocrit level. When comparing vessels with the same diameter and the same location in different animals, we assumed their vascular position was similar and $\alpha$ values to be close. This and neglecting $\mathcal{A}(C^I)$ are the limitations of this estimator.

## Angiography acquisition

For each animal a high density low scanning speed acquisition was done to obtain high resolution CMV images. The angiography was done outside of regions with large arteries in order to obtain smaller vessels. The scanned area had a surface of 800 x 800 $\mu m$ composed of

400 slices containing 32 760 A-lines each. The spacing between two A-lines was $\sim 0.024 \mu m$ which for a $10 \mu m$ lateral resolution represents an oversampling factor of $\sim 400$.

## Vascular Anatomical Network modelling

Along with the compliance estimator previously presented a second method is used to interpret blood speed changes over the cardiac cycle. We constructed a model of the microvasculature using a stylized vascular anatomical network (VAN) based on previous work Boas *et al.* (2008). Blood speed is calculated in the different arterial segments of the model. By individually modifying the compliance parameter of the arteries in the model it is possible to interpret which compliance change situation better describes the observed differences in cardiac cycle profile between the two animal groups.

The VAN used below contains a diverging series of arterioles that are connected to capillaries, which further converge to a single veinule (Fig. 5.7A below). Each segment is characterized by its vascular properties (Length $l$, diameter $d$ and hematocrit $Hct$), which are then used to calculate its resistance according to the Hagen-Poiseuille Law , $R(t) = \frac{128\eta(d,Hct,t)l}{\pi d(t)^4}$. The parameter $\eta(d, Hct, t)$ is a parametrization of the blood viscosity based on Pries *et al.* (1992). Hematocrit for all vascular segments was fixed at $Hct = 15\%$. The other vascular properties used in the VAN modelled are summarized in table 5.1. Defining $\Delta P(t)$ to be the change in pressure across a segment and $Q(t)$ the flow in the same segment, the flow-pressure relationship is given by :

$$\Delta P(t) = R(t) \cdot Q(t) \tag{5.10}$$

All vascular properties can then be calculated using the nodal pressures distribution and the oriented incidence matrix $\mathbf{A}$, which represents the VAN topology. Vessels non-linear compliance is integrated into the model by a pressure-volume relationship :

$$\langle P_i(t) \rangle - P_{IC} = \left( \frac{V_i(t)}{A_{0,i}} \right)^{\beta} \tag{5.11}$$

where $\langle P_i(t) \rangle = \frac{1}{2}(P_{i,in} + P_{i,out})$ is the average pressure at the center of the $i^{th}$ vessel, $V_i(t)$ is its volume, $P_{IC}$ is the intra-cranial pressure, $\beta$ is the compliance parameter and $A_{0,i} = \frac{V_i(t=0)}{(P_i(t=0)-P_{IC})^{1/\beta}}$ is a constant characterizing the initial state of the VAN. For an increase in pressure from time $t_d$ to time $t_s$. The pressure change can be estimated by expanding the expression for small volume changes :

$$\Delta P^A = \left( \frac{V_i(t_d)}{A_{0,i}} \right)^{\beta} + \beta \frac{\Delta V_i}{A_{0,i}} \left( \frac{V_i(t_d)}{A_{0,i}} \right)^{\beta-1} - \left( \frac{V_i(t_d)}{A_{0,i}} \right)^{\beta} \tag{5.12}$$

$$\Delta P^A = \beta \frac{\Delta V_i}{A_{0,i}} \left( \frac{V_i(t_d)}{A_{0,i}} \right)^{\beta-1} \tag{5.13}$$

By comparing this last equation to Eq.(5.6) we obtain a relation between both compliance parameters.

$$\frac{1}{C} = \frac{\beta}{A_{0,i}} \left( \frac{V_i(t_d)}{A_{0,i}} \right)^{\beta-1} \tag{5.14}$$

Therefore an increase in vessel flexibility is expressed by a higher compliance parameter $C$ or a decreased parameter $\beta$.

To simulate the VAN's dynamic response to vascular perturbations such as arteriolar dilation or input pressure variations, nodal pressures are first computed, assuming that vascular properties and VAN topology are given at equilibrium. Then, at each time step $t_n$, compliant volume changes are calculated given the previous state nodal pressures $P_{n-1}$ and arteriolar pertubation. These modifications lead to a variation of vascular resistances across the VAN, and new nodal pressures $P_n$ are calculated.

Since atherosclerotic mice are expected to develop high blood pressure and have rigid large arteries, simulations below studied changes in blood pressure at input of the VAN to simulate measures of blood flow change during a single ECG cycle. To evaluate how the change of blood flow pulsatility is modulated by microvasculature compliance, we simulated various configurations to assess their impacts on end results. These simulations where then used to form an interpretation of the results.

TABLE 5.1 VASCULAR SEGMENT PARAMETERS

| Branch - # segments | Input | | Function of input | | |
|---|---|---|---|---|---|
| | Length ($\mu m$) | Diameter ($\mu m$) | Volume (nL) | Viscosity (cP) | Resistance (mmHg s/$\mu L$) |
| A1-1 | 200 | 100 | 1.57 | 2.78 | 1.70 |
| A2-2 | 200 | 80 | 1.00 | 2.75 | 4.11 |
| A3-4 | 200 | 64 | 0.64 | 2.72 | 9.89 |
| A4-8 | 200 | 51.2 | 0.41 | 2.67 | 23.75 |
| A5-16 | 200 | 41.0 | 0.26 | 2.62 | 56.82 |
| A6-32 | 200 | 32.8 | 0.17 | 2.56 | 135.56 |
| C-64 | 250 | 30 | 0.18 | 2.53 | 238.82 |
| V6-32 | 200 | 36.0 | 0.20 | 2.58 | 93.54 |
| V5-16 | 200 | 45.1 | 0.32 | 2.64 | 39.16 |
| V4-8 | 200 | 56.3 | 0.50 | 2.69 | 16.35 |
| V3-4 | 200 | 70.4 | 0.78 | 2.73 | 6.80 |
| V2-2 | 200 | 88 | 1.25 | 2.77 | 2.82 |
| V1-1 | 200 | 110 | 1.90 | 2.79 | 1.17 |

**Statistics**

Parameters were compared between mice groups by means of a t-test. P values $< 0.05$ were considered as significant.

## 5.2.4   Results

**Flow pulsatility measurement**

Reconstruction of the flow over the cardiac cycle yielded blood speed variation profiles for each measured artery. The reconstructed profiles consisted of 100 time frames equally spaced between two QRS peaks giving a time resolution of approximately 1.5 ms for an animal with a 400 beat per minute heart rate. These profiles were reconstructed using 400 scans over 25 seconds therefore covering approximately 100 heart beats or 1 heart beat for every four scans. The asynchronous condition of scanning and heart rate ensured good coverage of the 3D reconstructed space with less then 0.1% missing A-lines. Coverage of the reconstructed space depended on heart rate where a lower heart rate was more likely to produce an incomplete data set. Filtering was done in the transverse direction and in time to fill in the missing A-line positions with the importance of each position weighted by the amount of A-lines averaged in it.

The profiles were low pass filtered using a 10 ms FWHM Hanning window and the boundary condition was set to ensure continuous blood speed between the end and the start of the cycle. Two different pulsatility metrics were used. The first was the percent blood speed increase from the minimum to the maximum blood speed. The second metric was the standard deviation of the speed values divided by the mean. For each vessel the X and Y slices were compared and only vessels where both flow profiles and pulsatility measurements matched were retained for the study. Discarded vessels include possible veins and vessels where the blood speed was too small to discern a clear cardiac trend. On some vessels one slice was retained while the other was discarded if it presented a clear cardiac profile while it's paired slice did not. Fig. 5.3 shows two slices on a retained vessel and the flow profiles measured for each slice. The maximum value of the blood speed was associated with the arrival of the systolic pressure wavefront (which travels much faster then the blood itself). The minimum value was associated with the return to diastolic pressure.

Total number of retained slices was 41 in the ATX group (11 slices $< 80 \mu m$) and 62 in the WT group (21 slices $< 80 \mu m$). Artery diameter was hand measured between the zero crossing points at the top and the bottom of the artery. The maximum on minimum flow change (not shown) and the pulsatility metric (Fig. 5.5A) both indicate increased flow pulsatility in the ATX group with regards to the WT group which is significant ($P > 0.05$)

70

for vessels smaller than $80\mu m$.

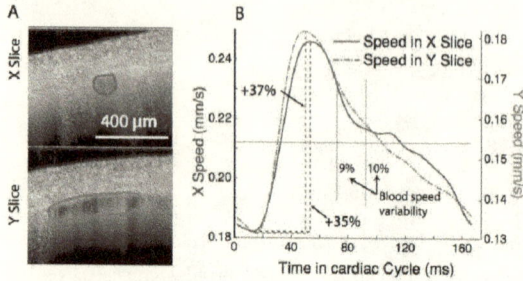

FIGURE 5.3 Calculation of flow pulsatility in a single artery on a WT mouse. A. Two perpendicular slices of the artery are measured. The images present the average flow over the whole cardiac cycle. The flow is in red-blue overlaid on the grayscale structure. The artery is directly underneath the cranium and the region of interest is circled. B. Filtered blood speed profile in the region of interest. The doppler speed is averaged in the region of interest for each time point in the cardiac cycle. The average speed is $\sim 0.21mm/s$ in the X slice region of interest. The average speed in the Y slice is $\sim 73\%$ of the speed in the X slice due to different ROI coverages. The cardiac cycle profile is identical in both slices confirming the variation is due to cardiac activity. Variation between the maximum speed (systolic) and the minimum speed (diastolic) is calculated. Variability (solid vertical lines) is the standard deviation divided by the mean.

## Basal CBF

Basal CBF was evaluated for each measured artery using the 3D volume scans. Fig. 5.4A presents a typical region of interest selected on a plunging artery from a WT animal. For each artery the diameter was measured.

For sharply plunging vessels, the flow vs depth profile remained mostly constant and flow estimations were direct. For some vessels, measurement of blood flow through a region of interest presented a depth dependent flow value. Fig. 5.4B shows such a profile. These vessels were almost horizontal and presented a peak in their flow vs depth profile which indicated the depth at which the vessel cross section was completely contained within the region of interest, these were kept for the analysis by choosing the depth at which the cross-section was completely contained in one plane. Horizontal vessels however did not present a clear maximum flow value as they would cross the same plane many times in opposite directions. The latter were rejected. Veins, associated with non-pulsatile flow as identified by the cardiac cycle reconstruction were also rejected. Fig. 5.4C presents the flow results from 20 ATX vessels and 31 WT vessels.

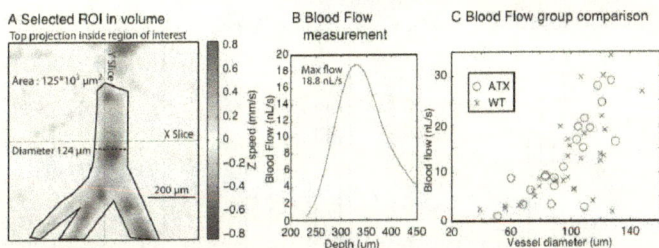

FIGURE 5.4 Example of blood flow measurement in a branching artery A. Top projection of the measured volume presenting a branching artery, diameter is $124\mu m$. The artery is only slightly tilted from the horizontal plane. B. Flow passing through the selected area at different depths. The maximum flow is where the artery is completely contained within the area and corresponds to it's quantitative flow C. Blood flow as a function of vessel diameter, results from 20 ATX and 31 WT vessels, vessels larger then $150\mu m$ not shown. No significant difference in the blood flow distribution is observed between the two groups.

To allow further comparison of blood flow between the different animals and vessel dimensions, the quantitative blood flow was normalized by the vessel area obtained from it's diameter and by the heart rate of the animal. This effectively gave a measure of blood speed per heart beat in each vessel. Data was separated between vessels with diameter less than or greater than $80\mu m$. Results of normalized blood flow measurements are presented in Fig. 5.5B.

**Compliance estimation**

The compliance was evaluated for the arteries that were retained for both measurements of pulsatility and flow. Considering each volume acquisition was coupled to two slice ECG gated acquisitions, each artery yielded on average two estimations of compliance. Eq.(5.9) was used with the diastolic area and flow ($A_d$ and $\Phi_d$) approximated by their cycle averaged value from the volume reconstructions. The results for both animal types and vessel diameter groups are presented in Fig. 5.5C. High variances are due to the combination of measures each having individual errors used in the estimator.

**Vascular anatomy**

For completeness, Fig. 5.6 presents maximum intensity projection angiography results from 8 different animals. Results are displayed with similar structures and vessel sizes in both animal types aligned vertically. Smallest measurable vessel size was $\sim 10\mu m$ and maximum

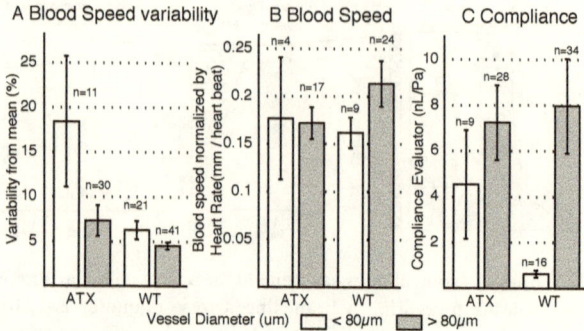

FIGURE 5.5 Blood speed change over the cardiac cycle. Only slices where the X and Y cardiac cycle profiles matched were retained. A. Variability of the blood speed over the cardiac cycle. B. Normalized blood speed change between the maximum and minimum value in the cardiac cycle. C. Compliance estimator. Error bars = SEM.

vessel depth was $300\mu m$ below the surface of the skull. Although each angiography presents a different structure, no major structural difference were observed between the two animal types.

## Flow pulsatility modelling

Simulations were performed by varying the arteriole pressure $P_{art}$ at the input of the VAN. The ECG pulse modelled was a Gaussian function of the form

$$P_{art}(t) = P_{art}^0 \left( 1 + \Delta P \cdot \frac{e^{-\left(\frac{t-T_{offset}}{\sigma_T}\right)^2}}{e^{-1}} \right) \tag{5.15}$$

where $P_{art}^0 = 60\ mmHg$ is the arteriole pressure, $\Delta P$ is the relative pressure variation of the pulse, $\sigma_T = 15\ ms$ is its temporal width and $T_{offset} = 50\ ms$ is its temporal offset. The VAN response to this pulse was simulated over a period of $\Delta T = 100\ ms$, which corresponds to a heart beat frequency of $f = 600\ bpm$. The 'normal' case is represented by the pressure wave amplitude $\Delta P = 1\%$ and by the compliance parameter $\beta = 2$ for all vascular segments.

Fig. 5.7 is a summary of the different effects of input pressure and compliance changes. Fig. 5.7A shows the simulated stylized model. As was done in measurements, vessels were separated by size in two categories with conventions identical to experimental results above. Fig. 5.7B shows the effect of increasing the blood pressure variation $\Delta P$ on measures of pulsatility. We observe that for both vessel size groups, pulsatility increases with blood pressure

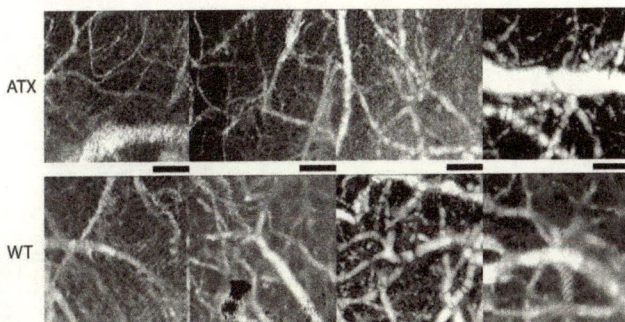

FIGURE 5.6 Angiography results from 8 different animals. First row ATX animals and second row WT animals. The black bar has length of $200\mu m$. The results are displayed in a log scale. Similar vessel sizes are compared between the two groups.

proportionally. This is in line with experimental results, Fig. 5.5A, where we observe overall increased pulsatility in ATX mice compared to WT. Figs. 5.7C, D respectively show the impact of varying compliance at the level of smaller ($< 80\mu m$) and larger ($> 80\mu m$) vessels or both respectively. In Fig. 5.7C, only the smaller vasculature compliance was modified by making them more rigid ($\beta = 5$) than our 'normal' value $\beta = 2$ trying to simulate experimental observation by a decrease of compliance naively expected in atherosclerosis. This simulation did lead to changes in pulsatility mimicking the experimental observations (i.e. variations between small and large vessels) but a large change of the compliance parameter was required to create a small pulsatility difference between smaller and larger vasculature. On the other hand, if the compliance of larger vessels ($> 80\mu m$) is increased (smaller $\beta$ value), we observe the same trend, coherent with observations Fig. 5.5A, but amplified (Fig. 5.7D). Finally, Fig. 5.7E shows the results of the simulation when both compliances were decreased, again we observe trends similar to that of experimental results. Other simulations were done but did not follow the experimental trend.

The observed differential change between smaller and larger vessels when comparing ATX and WT mice could therefore be simulated using three scenarios : decreasing smaller vessel compliance (Fig. 5.7C)), increasing larger vessel compliance (Fig. 5.7D) or increasing compliance of both smaller and larger vessels (Fig. 5.7E).

The first case can likely be excluded from our measures. Moreover, with the ATX mouse model used here, recent measurements performed on isolated larger arteries ex vivo (resistance arteries extracted from the base of the brain which are directly connected to the circle of Willis) showed that these larger arteries increased their compliance in the ATX model

74

compared to WT Bolduc *et al.* (2011). In view of these results, a likely scenario is that compliance in both smaller and larger vessels increase but that our estimator $\hat{C}$ did not have high enough SNR to measure a statistical difference in larger vessels.

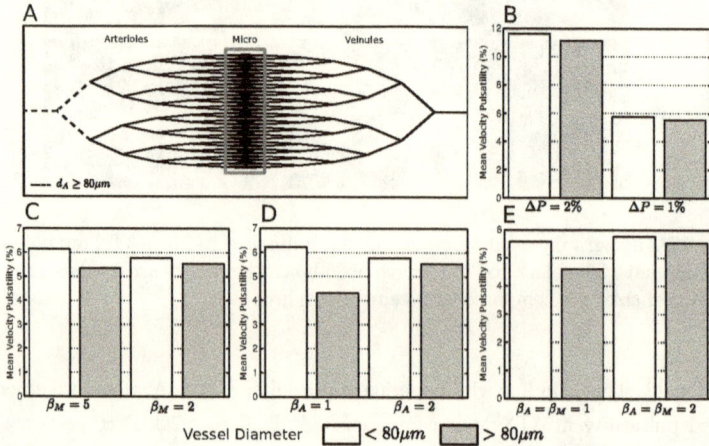

FIGURE 5.7 A. Vascular anatomical network simulated. The dotted lines and the red box represent respectively the larger and the smaller vessels. These are the vascular segments for which the compliance parameter is modified during the simulation. B. Effect of changes in pressure wave amplitude at the entry of the VAN. small and large vessels change their pulsatility proportionally. C. Effect of lowering the compliance (increasing the parameter $\beta_M$) of small vessels while leaving the larger vessels at $\beta_A = 2$, D. Effect of increasing the compliance of larger vessels ($\beta_A = 1$) while leaving smaller vasculature intact. E. Effect of increasing compliance of both larger and smaller vessels ($\beta_A = \beta_M = 1$)

## 5.2.5   Discussion

**ECG gated OCT**   OCT was used to study blood flow and its pulsatility in CMV. This work shows that reconstruction of the flow over the cardiac cycle can be used to estimate blood speed variation profiles for individual vessels. Cardiac cycle reconstruction yielded flow change estimations in under 10 minutes in intact preparations. This fast and non-invasive technique would therefore be able to study the acute effect of drugs on the cerebro-vascular myogenic tone. Besides direction, the flow pulsatility or lack thereof was used as an indicator of vessel function as arterioles are expected to have pulsatility while veinules are not.

**Basal CBF**  When comparing the normalized blood speed between both groups no significant difference was noted between $> 80\mu m$ and $< 80\mu m$ vascular size groups. Furthermore, normalized blood speed in both vessel size groups was fairly similar.

**Compliance evaluation**  The local pulsatility of blood speed is partly a result of the combined effect of compliance of all upstream feeding vessels. Our results showed an increase in the blood speed pulsatility of smaller vessels for the ATX group compared to the WT group. This result alone, however, did not enable to distinguish the changes in vessel compliance at the different arterial levels. OCT evaluation of compliance through the estimator $\hat{C}$ showed a significant increase in small vessel compliance ($< 80\mu m$) for ATX mice compared to WT mice while no statistical difference were observed for larger vessels.

The use of the VAN model allowed additional interpretation of the data. Three compliance change scenarios yielded a similar change in blood pulsatility as the one observed between the two groups. Based on the compliance estimation of smaller arteries and ex-vivo data, the most likely scenario involves an increased vascular compliance of vessels smaller then and larger then 80 μm for the ATX group.

Observations on the angiography of arterioles in the cortex of both models did not reveal dramatic differences in the morphological aspects of the vasculature. While qualitative, this observation supports that differences in vessel architecture was not a confounding factor in the analysis of our data.

**Limits of the OCT compliance estimator**  The compliance estimator used in this work was based on the accurate measurement of blood flow, vessel diameter, blood speed change and vessel diameter change. Calculations of blood flow through a region of interest and of speed pulsatility in the cardiac cycle reconstruction were fairly robust operations yielding low sensitivity to measurement error while vessel diameter and area change were harder to estimate. In the case of blood flow estimations averaging multiple volume scans helped in increasing the quality of the measures. For blood speed variation, the comparison between slices taken in different orientations allowed for simple validation of the result and rejection of non conclusive cardiac profiles.

Amongst limitations of this work is the fact that vessels at the surface of the cortex have an elliptical cross section as opposed to a round one, estimation of the diameter was prone to error. When viewed from a top projection, the diameter measured is larger than when viewed from a side projection. The compliance evaluation model did not take into account the vessel's irregular shape. However, the largest source of error in the compliance estimation was the accurate measurement of the change in vessel diameter. For a cross sectional image taken perpendicularly to the vessel direction, a change in vessel area over the cardiac cycle would be properly displayed in the cycle reconstruction. An acquisition made in the longitudinal axis of the vessel would only show an increase in it's height over the cardiac cycle therefore underestimating the real area change. The use of a quadratic fitting procedure on the velocity profile was also investigated but results were not conclusive.

## 5.2.6 Conclusion

In this work we have demonstrated a new ECG gated reconstruction technique for evaluating flow pulsatility in CMV and vessel compliance. Comparison between an ATX and a WT group showed differences in flow pulsatility on different arterial segments. As it has been largely recognized, atherosclerotic lesions cause a hardening of the carotid arteries leading to a loss of compliance and higher blood pressure variations at the input to the circle of Willis. Recent evidence suggests that the resistance arteries at the base of the brain compensate this effect by increasing compliance. Our results showed increased flow pulsatility in small arterioles. This increase was modelled, amongst different scenarios, by an increase in compliance in both small and larger vessels corroborating ex-vivo results. This supports that OCT can be used to study vascular function although modelling may be required to interpret its results.

## Acknowledgements

E. Baraghis was supported by scholarships from the "Fonds de la recherche en santé du Québec" and the Natural Sciences and Engineering Research Council of Canada (NSERC). F. Lesage, C. Boudoux were supported NSERC Discovery grants. V. J. Srinivasan was supported by the National Institutes of Health (K99NS067050 ) and the American Heart Association (11IRG5440002)

## References

BOAS, D., JONES, S., DEVOR, A., HUPPERT, T. et DALE, A. (2008). A vascular anatomical network model of the spatio-temporal response to brain activation. *Neuroimage*, 40, 1116–1129.

BOLDUC, V., DROUIN, A., GILLIS, M., N., D., THORIN-TRESCASES, N., FRAYNE-ROBILLARD, I., DES ROSIERS, C., TARDIF, J.-C. et THORIN, E. (2011). Heart rate-associated mechanical stress impairs carotid but not cerebral artery compliance in dyslipidemic atherosclerotic mice. *American Journal of Physiology*.

DE LA TORRE, J. C. (2004). Is alzheimer's disease a neurodegenerative or a vascular disorder ? data, dogma, and dialectics. *Lancet Neurology*, 3, 184–190.

FANG, Q., SAKADZIC, S., RUVINSKAYA, L., DEVOR, A., DALE, A. M. et BOAS, D. A. (2008). Oxygen advection and diffusion in a three- dimensional vascular anatomical network. *Optics Express*, 16, 17530–17541.

HEBERT, L., SCHERR, P., BIENIAS, J., BENNETT, D. et EVANS, D. (2003). Alzheimer disease in the us population : prevalence estimates using the 2000 census. *Archives of Neurology*, 60, 1119.

HELZNER, E., LUCHSINGER, J., SCARMEAS, N., COSENTINO, S., BRICKMAN, A., GLYMOUR, M. et STERN, Y. (2009). Contribution of vascular risk factors to the progression in alzheimer disease. *Archives of neurology*, 66, 343.

IADECOLA, C. (2004). Neurovascular regulation in the normal brain and in alzheimer's disease. *Nature Reviews Neuroscience*, 5, 347–360.

JIA, Y., AN, L. et WANG, R. (2010). Label-free and highly sensitive optical imaging of detailed microcirculation within meninges and cortex in mice with the cranium left intact. *Journal of biomedical optics*, 15, 030510.

KASAI, C., NAMEKAWA, K., KOYANO, A. et OMOTO, R. (1985). Real-time two-dimensional blood flow imaging using an autocorrelation technique. *IEEE Trans. Sonics Ultrason*, 32, 458–464.

MURPHY, T., LI, P., BETTS, K. et LIU, R. (2008). Two-photon imaging of stroke onset in vivo reveals that nmda-receptor independent ischemic depolarization is the major cause of rapid reversible damage to dendrites and spines. *The Journal of Neuroscience*, 28, 1756.

PRIES, A., NEUHAUS, D. et GAEHTGENS, P. (1992). Blood viscosity in tube flow : dependence on diameter and hematocrit. *American Journal of Physiology-Heart and Circulatory Physiology*, 263, H1770.

REN, H., SUN, T., MACDONALD, D., COBB, M. et LI, X. (2006). Real-time in vivo blood-flow imaging by moving-scatterer-sensitive spectral-domain optical doppler tomography. *Optics letters*, 31, 927.

SCHAFFER, C., FRIEDMAN, B., NISHIMURA, N., SCHROEDER, L., TSAI, P., EBNER, F., LYDEN, P. et KLEINFELD, D. (2006). Two-photon imaging of cortical surface microvessels reveals a robust redistribution in blood flow after vascular occlusion. *PLoS biology*, 4, e22.

SRINIVASAN, V. J., JIANG, J. Y., YASEEN, M. A., RADHAKRISHNAN, H., WU, W., BARRY, S., CABLE, A. E. et BOAS, D. A. (2010a). Rapid volumetric angiography of cortical microvasculature with optical coherence tomography. *Optics Letters*, 35, 43–45.

SRINIVASAN, V. J., SAKADŽIĆ, S., GORCZYNSKA, I., RUVINSKAYA, S., WU, W., FUJIMOTO, J. G. et BOAS, D. A. (2010b). Quantitative cerebral blood flow with optical coherence tomography. *Optics Express*, 18, 2477–2494.

VAKOC, B., LANNING, R., TYRRELL, J., PADERA, T., BARTLETT, L., STYLIANO-POULOS, T., MUNN, L., TEARNEY, G., FUKUMURA, D., JAIN, R. *ET AL.* (2009). Three-dimensional microscopy of the tumor microenvironment in vivo using optical frequency domain imaging. *Nature medicine*, 15, 1219–1223.

VAN POPELE, N., GROBBEE, D., BOTS, M., ASMAR, R., TOPOUCHIAN, J., RENE-MAN, R., HOEKS, A., VAN DER KUIP, D., HOFMAN, A. et WITTEMAN, J. (2001). Association between arterial stiffness and atherosclerosis : the rotterdam study. *Stroke*, 32, 454.

WANG, R. K., JACQUES, S. L., MA, Z., HURST, S., HANSON, S. R. et GRUBER, A. (2007). Three dimensional optical angiography. *Optics Express*, 15, 4083–4097.

WOJTKOWSKI, M., SRINIVASAN, V., KO, T., FUJIMOTO, J., KOWALCZYK, A. et DUKER, J. (2004). Ultrahigh-resolution, high-speed, fourier domain optical coherence tomography and methods for dispersion compensation. *Optics Express*, 12, 2404–2422.

# Chapitre 6

# DISCUSSION GÉNÉRALE

Trois objectifs ont été établis au début de ce travail. Ici chacun d'entre eux fera l'objet d'une discussion afin de déterminer dans quel mesure il a été atteint. Des solutions seront également proposées lorsque les résultats laissent à désirer

## 6.1 Développement d'un appareil OCT

Le premier objectif ciblé était de développer un appareil d'imagerie OCT pouvant obtenir des images de flux et de structures de la CMV. Ce développement inclut les aspects matériel ainsi que logiciels de l'appareil et de la reconstruction. Suite au développement, il a été possible de mesurer les caractéristiques de performances de l'appareil. Les résultats de ces mesures révèlent une résolution, une profondeur de pénétration et une plage dynamique sous les attentes, mais une sensibilité tout à fait satisfaisante. La qualité des images prises sur les animaux était excellente pour la mesure du flux sanguin et pour la caractérisation du profil cardiaque. Toutefois, les mesures d'angiographies n'ont pas permis d'obtenir les détails du réseau de capillaires.

### 6.1.1 Aspect développement

Le développement de l'aspect matériel et logiciel de l'appareil a été complété avec succès. En effet, le système est fonctionnel et le logiciel est suffisamment facile d'utilisation pour qu'un autre utilisateur puisse l'exploiter. Le système une fois aligné correctement ne requiert que quelques ajustements minimes afin d'être prêt à faire des mesures. Le logiciel laisse toutefois à désirer. Afin d'en améliorer les performances, il serait intéressant de considérer son implémentation dans un language de programmation compilé. Une réécriture du logiciel permettrait également de simplifier son fonctionnement puisque seuls les fonctions essentielles seraient maintenues.

## 6.1.2 Caractérisation du système

La résolution atteinte par le système et la profondeur de pénétration ne sont pas à la hauteur des attentes. En effet, la résolution axiale du système devrait être de l'ordre de 4 μm, mais la résolution maximale atteinte est de 9 μm. Les structures les plus profondes imagées se trouvent à 600 μm, toutefois à cette profondeur, il est très difficile de distinguer les détails des tissus. Pour ce qui est de la sensibilité du système, la valeur obtenue de 106dB est satisfaisante. Le facteur qui est toutefois limitant est la plage dynamique du système. En effet, la contrainte de plage dynamique empêche d'observer des détails peu réfléchissants si un élément de l'échantillon reflète énormément de lumière.

Les images obtenues lors d'un balayage rapide de volumes sur les souris correspondent aux attentes. Le diamètre des vaisseaux les plus petits observés sont de l'ordre de 30 μm ce qui correspond aux résultats attendus. Toutefois, l'acquisition d'angiographies devrait pouvoir être en mesure de produire des images du réseau de capillaires. Ce réseau est très dense et rempli normalement tout le champ de vision. Bien que les vaisseaux les plus petits observés ont effectivement le diamètre recherché ($\sim 10$ μm), les résultats présentés dans l'article ne montrent pas une densité suffisamment élevée. Le réseau de capillaires se trouve à une profondeur trop élevée par rapport à la pénétration que permet le système OCT.

## 6.1.3 Améliorations matérielles

Afin d'améliorer les capacités du système plusieurs voies sont possibles. La première consiste en l'augmentation de la quantité de lumière qui atteint l'échantillon. Une manière de faire cet ajustement est de remplacer le coupleur 50/50 de l'interféromètre par un coupleur 10/90 qui envoie 90% de la lumière dans le bras d'échantillon. Toutefois, dans le chemin de retour il faut ajouter des circulateurs afin de récupérer la lumière qui est renvoyée dans le bras de la source ce qui complexifie le montage.

Une seconde voie passe par l'augmentation de la plage dynamique du système. Ceci est possible en remplaçant la caméra CMOS utilisée pour le spectromètre par une caméra CCD. Une caméra CCD est capable de détecter simultanément une plus grande gamme d'intensités ce qui permettrait d'augmenter la sensibilité aux faibles réflexions.

La troisième voie d'amélioration est le remplacement des lentilles dans le bras d'échantillon. En choisissant une différente combinaison de lentilles, il serait possible d'augmenter la largeur du faisceau gaussien dans l'échantillon et ainsi avoir un meilleur suréchantillonage lors du balayage.

Afin d'améliorer la sensibilité aux capillaires, l'utilisation d'une table optique plus large est envisageable. L'acquisition d'angiographies est extrêmement sensible aux vibrations environnementales. Un changement de table optique pourrait permettre de réduire ces vibrations.

Une autre voie d'amélioration est le remplacement de la source de lumière. En effet, la résolution et la profondeur de pénétration sont liés aux caractéristiques de la lumière utilisées. Ainsi, en utilisant une lumière ayant un spectre plus large, la résolution du système serait augmentée. Un changement de longueur d'onde est aussi possible, mais ceci nécessiterait le changement de toutes les pièces optiques.

Il est intéressant de considérer l'utilisation d'un système avec source accordable («Swept-Source»). Ces systèmes fonctionnent habituellement à une longueur d'onde de 1310 nm ce qui permet d'obtenir une résolution axiale supérieure au système actuel, mais qui souffrirait d'une résolution latérale inférieure. Les circulateurs à cette longueur d'onde sont facilement accessible. Il devient donc possible de récupérer le signal d'interférence normalement perdu dans le bras de la source. La détection se fait ensuite avec un photo-détecteur balancé. L'utilisation d'un tel détecteur avec un signal deux fois plus fort permet ainsi donc de gagner 3 dB sur la sensibilité.

### 6.1.4 Améliorations logicielles

Des modifications au logiciel de reconstruction peuvent permettre d'améliorer la qualité des images reconstruite. Pour la détection de flux, la technique actuelle ne fait que comparer les lignes voisines lors d'un balayage. Pour un suréchantillonage suffisant, il est possible de comparer des lignes séparées de plusieurs $\tau$ afin de déterminer le changement de phase entre elles.

La présence de flux crée une décorrélation de l'image structurelle. Certains groupes utilisent cette propriété afin d'identifier les zones où se trouve un flux. Un tel calcul permettrait d'améliorer la détection de flux.

## 6.2 Modèle d'évaluation de la compliance par OCT

Le second objectif ciblé était le développement d'une méthode d'estimation de la compliance artérielle basée sur des acquisitions par OCT. Un évaluateur de compliance, $\hat{C}$, a été développé dans l'article du chapitre précédent afin de pouvoir atteindre ce but. Le modèle développé s'est avéré à être valide d'un point de vue théorique mais difficile à appliquer étant donné un rapport signal sur bruit moins optimal dans les données «in-vivo».

## 6.2.1 Validité du modèle

Le modèle d'évaluation de la compliance se base sur certaines hypothèses afin d'être applicable. Ce modèle suppose d'abord que l'équation de Hagen-Poiseuille s'applique pour le flux sanguin. Pour les grands vaisseaux cette approximation est valable. Toutefois, le sang n'étant pas un liquide newtonien, l'hypothèse ne s'applique plus dans les plus petits vaisseaux. Ces derniers ont une taille de l'ordre de grandeur des globules rouges soit 10-20 µm.

Une seconde hypothèse est l'approximation que la pression locale est proportionnelle à la pression systémique. Pour un réseau vasculaire complètement rigide où la compliance de tous les vaisseaux est nulle, cette propriété de la pression est rencontrée. Toutefois, plus la compliance des artères du système est grande moins cette relation est valide.

L'évaluateur de compliance fait intervenir un paramètre de position $\alpha$. Ce paramètre indique que la valeur de $\hat{C}$ obtenue n'est comparable qu'entre les vaisseaux ayant le même rôle chez différents animaux.

Afin de pouvoir utiliser l'évaluateur $\hat{C}$ qui produit des résultats comparables entre animaux, il est nécessaire d'avoir un protocole expérimental clair. Des contraintes précises sur le type d'artères retenus dans l'étude sont également nécessaires. Ainsi, il faut avoir des animaux au repos où la variation de la pression sanguine est minimale. Le rythme cardiaque de l'animal doit être situé entre 400 et 600 battements par minutes. Les vaisseaux imagés sur ces animaux doivent avoir un diamètre entre 30 µm et 150 µm et tous se trouver dans le complexe somatosensoriel. Finalement, il est important de comparer la valeur $\hat{C}$ de vaisseaux ayant le même diamètre uniquement.

## 6.2.2 Utilisation du modèle

Le modèle a été appliqué sur des données expérimentales obtenues sur deux groupes de souris. Malgré une très grande erreur, une différence significative de la compliance a été observée dans les artères < 80 µm entre les deux groupes. L'erreur sur l'estimation provient de la difficulté à avoir une mesure du changement d'aire des artères précise. Le modèle requiert une connaissance de quatre paramètres soit le flux dans une artère, son diamètre, la variation de vitesse du sang et la variation de l'aire transverse de l'artère. La variation de l'aire est extrêmement sensible au bruit sur l'image reconstruite et sa mesure est difficile à réaliser. Les améliorations proposées dans la section 6.1.3 ont le potentiel de grandement réduire le bruit sur les images et ainsi mener à des estimations de compliance par OCT plus précise.

## 6.3   Étude de la compliance sur des groupes

Le troisième objectif était l'utilisation de données obtenues par OCT afin d'étudier la compliance sur des groupes de souris. Ces résultats devaient ensuite être comparés avec ceux rapportés de manière «ex-vivo» dans la littérature. Cette étude a été réalisée dans le cadre de l'article. L'utilisation de l'estimateur n'a pas été suffisant afin de tirer toutes les conclusions. La méthode de reconstruction du flux sur le cycle cardiaque a été la clé de l'interprétation. En effet, cette méthode a permis d'obtenir la pulsatilité du flux qui a été interprétée grâce à un modèle de réseau vasculaire.

Les résultats présentés dans l'étude indiquent une augmentation de la compliance des artérioles cérébrales d'un diamètre de 30 à 160 μm chez les souris ATX par rapport aux souris WT. Pour les artère plus grande que $\sim 100$ μm ce résultat concorde avec les observations «ex-vivo» rapportées par Bolduc *et al.* (2011)dans l'étude des artères de résistance. De plus, la mesure par OCT permet l'étude d'artérioles ayant un diamètre trop petit pour la myographie par pression.

Par sa capacité de reproduire des résultats obtenus «ex-vivo», l'OCT peut être considéré comme un outil adéquat de la mesure de la compliance. Cette démonstration permet d'atteindre le troisième objectif fixé au début de ce travail.

# Chapitre 7

# CONCLUSION

Le travail de maitrise ici présenté avait pour objectif de vérifier si l'OCT est un outil adéquat afin de quantifier la compliance des artères cérébrales.

L'intérêt de l'étude a d'abord été établi. En effet, d'un point de vue technologique, l'OCT a récemment permis d'obtenir des images de haute qualité de la CMV sur les petits animaux. Certains groupes ont développés des techniques d'imagerie du flux tandis que d'autres ont utilisé l'OCT afin de faire des études fonctionnelles. De manière connexe, l'intérêt envers l'étude de la vasculature cérébrale est grandissant compte tenu de liens possibles avec le développement de maladies neuro-dégénératives. La compliance artérielle est un paramètre d'intérêt dans ces études puisqu'il joue un rôle clé dans la régulation sanguine. Toutefois, la mesure de la compliance sur les artères cérébrales requiert un montage «ex-vivo» ce qui limite les possibilités d'études longitudinales ainsi que la qualité des données. Ce projet de maitrise a tenté d'établir un pont entre ces deux champs d'expertise et ainsi fournir un outil intéressant pour la recherche.

## 7.1  Synthèse des travaux

La plus grande partie du travail réalisé dans ce projet consistait en la conception d'un appareil OCT ainsi que sa caractérisation. La conception de l'appareil est d'abord passée par le choix des composantes optiques qui dictent les propriétés théoriques de l'appareil. Le montage est complété par des pièces électroniques et mécaniques et est contrôlé par un logiciel d'acquisition. Une grande partie de la conception consiste ensuite à développer le code de reconstruction et de traitement des images.

La caractérisation du système a révélé une résolution inférieure à celle attendue. De plus les balayages d'angiographie n'ont put obtenir des images de la structure des capillaires. Toutefois, la mesure du flux dans un fantôme s'est avérée précise et les volumes ont permis d'obtenir des vaisseaux ayant un diamètre aussi faible que 30 μm.

Suite à la conception de l'appareil, une méthode d'estimation de la compliance a été développée. Cette méthode se base sur des mesures obtenues par la reconstruction du flux lors d'un cycle cardiaque.

Finalement, une étude de groupe a été effectuée afin d'en qualifier la compliance par OCT. C'est la mesure de pulsatilité interprétée par un modèle vasculaire qui a permis de tirer une conclusion sur la flexibilité des vaisseaux.

## 7.2 Améliorations au système

La solution idéale recherchée était l'évaluation de la compliance en utilisant uniquement des données obtenues par OCT. Cette solution n'a pu être implémentée en entier puisque le système produisait des images en partie bruitées. Des améliorations matérielles au montage ont étés proposées comme par exemple l'augmentation de la lumière incidente sur l'échantillon et l'utilisation d'une caméra CCD. Des améliorations au processus de reconstruction peuvent aussi être apportées.

## 7.3 Travaux futurs

L'OCT présente l'avantage qu'il est non-invasif lors de mesures de la compliance. De plus cette mesure se fait rapidement. La technique par OCT permet donc d'envisager son utilisation dans des études où un produit qui a un effet sur les vaisseaux est injecté dans l'animal et la réponse est enregistrée sur un court laps de temps.

Une préparation stérile pourrait permettre d'envisager des études longitudinales sur le même animal afin de voir l'évolution de la compliance et des paramètres des vaisseaux dans le temps.

La technique de reconstruction du cycle cardiaque basée sur la détection de pics sur l'ECG a un énorme potentiel. En effet, elle peut être adaptée pour utiliser n'importe quel autre type de signal de déclenchement comme par exemple celui d'une stimulation ou d'un potentiel d'action.

Les travaux habituels de développement de la technique OCT reposent habituellement sur l'amélioration de ses propriétés optiques, des technique de reconstruction ou des protocoles de balayage. D'autres groupes proposent également des ajouts de composantes optiques permettant d'augmenter ses capacités ou d'accélérer son acquisition. Toutes ces améliorations techniques sont louables et permettent d'obtenir des OCT toujours plus rapides et sensibles. Le travail accompli dans ce projet de maîtrise ne visait pas un tel objectif technique. En effet, l'objectif visé était de fournir un outil pour répondre à un besoin réel en recherche cérébrovasculaire et cet objectif a été atteint.

# RÉFÉRENCES

ANDRETZKY, P., LINDNER, M. W., HERRMANN, J. M., SCHULTZ, A., KONZOG, M., KIESEWETTER, F. et HAEUSLER, G. (1998). Optical coherence tomography by spectral radar : dynamic range estimation and in vivo measurements of skin. *Proc. SPIE*. vol. 3567, 78–87.

BELL, R. et ZLOKOVIC, B. (2009). Neurovascular mechanisms and blood–brain barrier disorder in alzheimer's disease. *Acta neuropathologica*, 118, 103–113.

BOAS, D., JONES, S., DEVOR, A., HUPPERT, T. et DALE, A. (2008). A vascular anatomical network model of the spatio-temporal response to brain activation. *Neuroimage*, 40, 1116–1129.

BOLDUC, V., DROUIN, A., GILLIS, M., N., D., THORIN-TRESCASES, N., FRAYNE-ROBILLARD, I., DES ROSIERS, C., TARDIF, J.-C. et THORIN, E. (2011). Heart rate-associated mechanical stress impairs carotid but not cerebral artery compliance in dyslipidemic atherosclerotic mice. *American Journal of Physiology*.

BOUMA, B. E. et TEARNEY, G. J. (2001). *Handbook of Optical Coherence Tomography*. Informa Healthcare, première édition.

CHEN, Y., AGUIRRE, A., HSIUNG, P., DESAI, S., HERZ, P., PEDROSA, M., HUANG, Q., FIGUEIREDO, M., HUANG, S., KOSKI, A. *ET AL*. (2007). Ultrahigh resolution optical coherence tomography of barrett's esophagus : preliminary descriptive clinical study correlating images with histology. *Endoscopy*, 39, 599–605.

CHEN, Y., AGUIRRE, A. D., RUVINSKAYA, L., DEVOR, A., BOAS, D. A. et FUJI-MOTO, J. G. (2009). Optical coherence tomography (OCT) reveals depth-resolved dynamics during functional brain activation. *Journal of Neuroscience Methods*, 178, 162–173.

DE LA TORRE, J. C. (2004). Is alzheimer's disease a neurodegenerative or a vascular disorder ? data, dogma, and dialectics. *Lancet Neurology*, 3, 184–190.

FANG, Q., SAKADZIC, S., RUVINSKAYA, L., DEVOR, A., DALE, A. M. et BOAS, D. A. (2008). Oxygen advection and diffusion in a three- dimensional vascular anatomical network. *Optics Express*, 16, 17530–17541.

FRANCIS, P. T., PALMER, A. M., SNAPE, M. et WILCOCK, G. K. (1999). The cholinergic hypothesis of alzheimer's disease : a review of progress. *Journal of Neurology, Neurosurgery, and Psychiatry*, 66, 137–147. PMID : 10071091.

GAMBICHLER, T., MOUSSA, G., SAND, M., SAND, D., ALTMEYER, P. et HOFF-MANN, K. (2005). Applications of optical coherence tomography in dermatology. *Journal of dermatological science*, 40, 85.

HEBERT, L., SCHERR, P., BIENIAS, J., BENNETT, D. et EVANS, D. (2003). Alzheimer disease in the us population : prevalence estimates using the 2000 census. *Archives of Neurology*, 60, 1119.

HELZNER, E., LUCHSINGER, J., SCARMEAS, N., COSENTINO, S., BRICKMAN, A., GLYMOUR, M. et STERN, Y. (2009). Contribution of vascular risk factors to the progression in alzheimer disease. *Archives of neurology*, 66, 343.

HUANG, D., SWANSON, E., LIN, C., SCHUMAN, J., STINSON, W., CHANG, W., HEE, M., FLOTTE, T., GREGORY, K., PULIAFITO, C. et AL. ET (1991). Optical coherence tomography. *Science*, 254, 1178–1181.

IADECOLA, C. (2004). Neurovascular regulation in the normal brain and in alzheimer's disease. *Nature Reviews Neuroscience*, 5, 347–360.

JIA, Y., AN, L. et WANG, R. (2010). Label-free and highly sensitive optical imaging of detailed microcirculation within meninges and cortex in mice with the cranium left intact. *Journal of biomedical optics*, 15, 030510.

KALARIA, R. (1996). Cerebral vessels in ageing and alzheimer's disease. *Pharmacology & therapeutics*, 72, 193–214.

KASAI, C., NAMEKAWA, K., KOYANO, A. et OMOTO, R. (1985). Real-time two-dimensional blood flow imaging using an autocorrelation technique. *IEEE Trans. Sonics Ultrason*, 32, 458–464.

LEITGEB, R., SCHMETTERER, L., DREXLER, W., FERCHER, A., ZAWADZKI, R. et BAJRASZEWSKI, T. (2003). Real-time assessment of retinal blood flow with ultrafast acquisition by color doppler fourier domain optical coherence tomography. *Optics Express*, 11, 3116–3121.

MAKITA, S., HONG, Y., YAMANARI, M., YATAGAI, T. et YASUNO, Y. (2006). Optical coherence angiography. *Optics Express*, 14, 7821–7840.

MEDEIROS, F. A., ZANGWILL, L. M., BOWD, C., VESSANI, R. M., JR, R. S. et WEINREB, R. N. (2005). Evaluation of retinal nerve fiber layer, optic nerve head, and macular thickness measurements for glaucoma detection using optical coherence tomography. *American Journal of Ophthalmology*, 139, 44 – 55.

MULVANY, M. et AALKJAER, C. (1990). Structure and function of small arteries. *Physiological reviews*, 70, 921.

MURPHY, T., LI, P., BETTS, K. et LIU, R. (2008). Two-photon imaging of stroke onset in vivo reveals that nmda-receptor independent ischemic depolarization is the major cause of rapid reversible damage to dendrites and spines. *The Journal of Neuroscience*, 28, 1756.

PRIES, A., NEUHAUS, D. et GAEHTGENS, P. (1992). Blood viscosity in tube flow : dependence on diameter and hematocrit. *American Journal of Physiology-Heart and Circulatory Physiology*, 263, H1770.

REN, H., DING, Z., ZHAO, Y., MIAO, J., NELSON, J. S. et CHEN, Z. (2002). Phase-resolved functional optical coherence tomography : simultaneous imaging of in situ tissue structure, blood flow velocity, standard deviation, birefringence, and stokes vectors in human skin. *Optics letters*, 27, 1702–1704.

REN, H., SUN, T., MACDONALD, D., COBB, M. et LI, X. (2006). Real-time in vivo blood-flow imaging by moving-scatterer-sensitive spectral-domain optical doppler tomography. *Optics letters*, 31, 927.

ROLLINS, A., YAZDANFAR, S., BARTON, J. et IZATT, J. (2002). Real-time in vivo color doppler optical coherence tomography. *Journal of Biomedical Optics*, 7, 123.

SCHAFFER, C., FRIEDMAN, B., NISHIMURA, N., SCHROEDER, L., TSAI, P., EBNER, F., LYDEN, P. et KLEINFELD, D. (2006). Two-photon imaging of cortical surface microvessels reveals a robust redistribution in blood flow after vascular occlusion. *PLoS biology*, 4, e22.

SRINIVASAN, V. J., JIANG, J. Y., YASEEN, M. A., RADHAKRISHNAN, H., WU, W., BARRY, S., CABLE, A. E. et BOAS, D. A. (2010a). Rapid volumetric angiography of cortical microvasculature with optical coherence tomography. *Optics Letters*, 35, 43–45.

SRINIVASAN, V. J., SAKADŽIĆ, S., GORCZYNSKA, I., RUVINSKAYA, S., WU, W., FUJIMOTO, J. G. et BOAS, D. A. (2010b). Quantitative cerebral blood flow with optical coherence tomography. *Optics Express*, 18, 2477–2494.

VAKOC, B., LANNING, R., TYRRELL, J., PADERA, T., BARTLETT, L., STYLIANOPOULOS, T., MUNN, L., TEARNEY, G., FUKUMURA, D., JAIN, R. *ET AL.* (2009). Three-dimensional microscopy of the tumor microenvironment in vivo using optical frequency domain imaging. *Nature medicine*, 15, 1219–1223.

VAN POPELE, N., GROBBEE, D., BOTS, M., ASMAR, R., TOPOUCHIAN, J., RENEMAN, R., HOEKS, A., VAN DER KUIP, D., HOFMAN, A. et WITTEMAN, J. (2001). Association between arterial stiffness and atherosclerosis : the rotterdam study. *Stroke*, 32, 454.

WANG, L. V. et WU, H.-I. (2007). *Biomedical Optics : Principles and Imaging*. Wiley-Interscience, première édition.

WANG, R. K., JACQUES, S. L., MA, Z., HURST, S., HANSON, S. R. et GRUBER, A. (2007a). Three dimensional optical angiography. *Optics Express*, 15, 4083–4097.

WANG, Y., BOWER, B., IZATT, J., TAN, O. et HUANG, D. (2007b). In vivo total retinal blood flow measurement by fourier domain doppler optical coherence tomography. *Journal of biomedical optics*, 12, 041215.

WANG, Y., FAWZI, A., TAN, O., GIL-FLAMER, J. et HUANG, D. (2009). Retinal blood flow detection in diabetic patients by doppler fourier domain optical coherence tomography. *Optics Express*, 17, 4061–4073.

WHITE, B., PIERCE, M., NASSIF, N., CENSE, B., PARK, B., TEARNEY, G., BOUMA, B., CHEN, T. et DE BOER, J. (2003). In vivo dynamic human retinal blood flow imaging using ultra-high-speed spectral domain optical coherence tomography. *Optics Express*, 11, 3490–3497.

WOJTKOWSKI, M., SRINIVASAN, V., KO, T., FUJIMOTO, J., KOWALCZYK, A. et DUKER, J. (2004). Ultrahigh-resolution, high-speed, fourier domain optical coherence tomography and methods for dispersion compensation. *Optics Express*, 12, 2404–2422.

YANG, V., GORDON, M., MOK, A., ZHAO, Y., CHEN, Z., COBBOLD, R., WILSON, B. et ALEX VITKIN, I. (2002). Improved phase-resolved optical doppler tomography using the kasai velocity estimator and histogram segmentation. *Optics Communications*, 208, 209–214.

YANG, V. X. et VITKIN, I. A. (2007). Principles of doppler OCT. E. Regar, P. W. Serruys et T. G. van Leeuwen, éditeurs, *Optical Coherence Tomography in Cardiovascular Research*, Informa Healthcare. Première édition, 305–317.

ZHAO, Y., CHEN, Z., SAXER, C., SHEN, Q., XIANG, S., DE BOER, J. et NELSON, J. (2000a). Doppler standard deviation imaging for clinical monitoring of in vivo human skin blood flow. *Optics letters*, 25, 1358–1360.

ZHAO, Y., CHEN, Z., SAXER, C., XIANG, S., DE BOER, J. F. et NELSON, J. S. (2000b). Phase-resolved optical coherence tomography and optical doppler tomography for imaging blood flow in human skin with fast scanning speed and high velocity sensitivity. *Optics Letters*, 25, 114–116.

ZLOKOVIC, B. (2005). Neurovascular mechanisms of alzheimer's neurodegeneration. *Trends in neurosciences*, 28, 202–208.

www.ingramcontent.com/pod-product-compliance
Lightning Source LLC
Chambersburg PA
CBHW021116210326
41598CB00017B/1458